森里海連環による
有明海再生への道
心の森を育む

NPO法人SPERA森里海・時代を拓く 編
田中　克／吉永郁生 監修

花乱社選書 5

鹿島市七浦沖上空から浜川河口・浜干拓方向を撮影。海苔網や牡蠣礁が見える。手前の干潟にZ字状に竹が立ててあるのは筌波瀬の仕掛け（2006年頃，中尾勘悟撮影）

諫早湾小野島の堤防から雲仙方向を望む。シチメンソウの群落の中で，女性がアリアケガニを採っている（2000年頃，中尾勘悟撮影）

諫早湾奥の森山の船だまり。二十数隻の漁船が係留され，海苔養殖，網漁，採貝，干潟漁などに使われていた（1985年頃，中尾勘悟撮影）

諫早湾沿岸高来町湯江地先の干潟で，春の大潮のとき，テナガダコ，アカニシ，アサリなどや，押し網ではクツゾコやコチなどを採っていた。まさに“里海”（1985年頃，中尾勘悟撮影）

諫早湾奥部を閉め切った全長7キロにも及ぶ潮受け堤防。循環を絶たれ，干潟を失った諫早湾奥部調整池では慢性的な淡水赤潮が発生（中尾勘悟撮影）

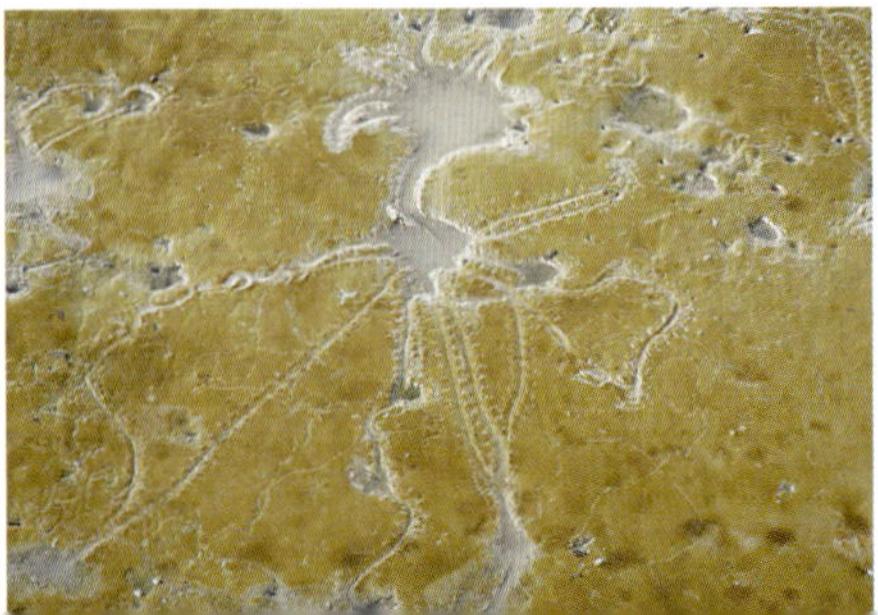

諫早湾奥に広がる軟泥干潟は準特産種のアゲマキの宝庫であり，多くの漁民の暮らしを支えた（中尾勘悟撮影）

◀上：干潟はツクシガモたち海鳥にとってもなくてはならない生息場（中尾勘悟撮影）
中：干潟の生きものたち（小野隆久撮影）
下：干潟表面の底生付着珪藻とムツゴロウの巣穴（中尾勘悟撮影）

「宝の海」有明海を象徴したタイラギの貝柱を取り出す女性たち（中尾勘悟撮影）

柳川市沖の端の鮮魚店にはウミタケ，タイラギ，アゲマキなどが並んだ（中尾勘悟撮影）

2013年11月，柳川市大和干拓地沖の干潟再生実験場で生きものたちの採集法を指導する漁師（田中克撮影）

2011年 6 月，佐賀県太良町干潟再生実験場でアサリの成長試験に取り組む大学生（田中克撮影）

2014年 2 月，初体験の泥干潟で生きものたちの観察に熱中する高校生（田中克撮影）

◀有明海奥部の干潟は子どもたちの恰好の遊び場であった（中尾勘悟撮影）

▶2011年４月，佐賀県太良町干潟再生実験の開始を祝う市民，漁民，研究者，学生たち（前列右から二人目が漁場を提供された平方宣清氏。内山耕蔵撮影）

▶佐賀県太良町での干潟再生実験で砂泥化した底質とそこに蘇ったアサリ。ここでは2014年４月13日にアサリ潮干狩り復活祭りが行われた

◀2013年11月，柳川市大和干拓地沖の干潟再生実験場で採捕された有明海特産魚ハゼクチ（森口有加里撮影）

▶2013年８月，柳川市大和干拓地沖の軟泥干潟にカキ殻を撒き，多様な生きものたちの生息場づくりに取り組む市民，漁民，研究者（内山里美撮影）

はじめに

　今、日本の沿岸域から多くの生きものたちが人知れず姿を消しつつあります。毎年、夏を迎えると、日本古来の食文化としての土用の丑の日のウナギのかば焼きがこのままでは食べられなくなる日が来るのではないかとのニュースが、新聞紙上やテレビの画面をにぎわわせます。砂浜が各地でなくなり、和食が世界無形文化遺産になる中で、古来、朝餉《あさげ》・夕餉《ゆうげ》になくてはならない食材であったアサリが全国的に減少し、最近では海と親しむ文化としての潮干狩りも消えゆこうとしています。
　これらのことは、ウナギやアサリだけが特異的にいなくなることを意味しているわけではなく、彼らが生息する水際の環境が極めて深刻な状態に至り、多くの水辺の生きものたちが姿を消しつつあることを意味しています。このように、私たちをはじめ陸に生きるすべての生きものの〝ふるさと〟である海に、人間だけが深刻な影響を及ぼし続け、掛け替えのないふるさとを失くそうとする先に、続く世代にとって確かな未来はあるのでしょうか。

　本書は、このような海と海に生きる生きもの、それらの自然の恵みを享受してきた人々の暮らしが最も深刻な事態に至っている海、かつては「宝の海」と呼ばれていましたが、今では瀕死の状態に至った有明海の再生をめざす〝小さな取り組み〟をまとめたものです。それは、有明海が我が国の深刻な事態に至った海の縮図だと考えているからでもあります。私たちは、この有明海を我が国の沿岸環境と沿岸漁業を再生させる〝試金石〟と位置づけ、その再生を対症療法的ではなく、これからの世界に広げていくべき〝哲学〟としての森里海連環《もりさとうみ》の理念、すなわちつながりの理念を深め、それに基づいた実践を積み重ねることにより実現させることを目的に進められてきた、三井物産環境基金による助成研究「瀕死の海、有明海の再生――森里海連環の視点と統合学による提言」（二〇一一～一三年）とその周辺に広がった取り組みのまとめとして刊行するものです。

本書に取り上げた内容の多くは、二〇一〇年春から福岡県柳川市を中心に進めてきた取り組みを紹介するものです。この間、私たちを取り巻く状況は激変しました。それは言うまでもなく、二〇一一年三月一一日に発生した千年に一度といわれる巨大な地震と津波が東北太平洋沿岸域を直撃したことです。「海は必ず復興する。海辺は壊滅しても、確かな森がある限り」との三陸の漁師のひとことに触発された、有明海の再生を目指す三井物産環境基金の助成研究に関わる研究者が母体となって、津波によって壊滅させられた三陸の沿岸環境と当地の基幹産業となっているカキやホタテガイの養殖業の再生を目指した、生物と環境に関する調査を進めるボランティア研究チームが生まれ、全国から集まった研究者による合同調査が森から海までをつなぐ視点で継続されるに至りました。その中で私たちは、三陸沿岸で今生じている問題と有明海が抱えている問題は同じ根っこだとの思いを深めています。それは、水際環境の壊滅と再生です。

有明海再生の突破口は、全長七キロにも及ぶ潮受け堤防を設置し、我が国を代表する広大な泥干潟を埋め立てた諫早《いさはや》湾干拓事業の見直しだ、と考えられています。最終的に防災を名目に強行的に設置されたこの潮受け堤防は、諫早湾の生物生産に深刻な影響を及ぼし、閉め切った調整池の環境は発ガン性物質を高濃度に生み出すアオコが大繁殖するほど極端に悪化し、また、司法までをも巻き込んで混乱の極に至っています。

このように漁業や沿岸生態系に深刻な影響を及ぼしたばかりでなく、海とともに暮らしていた漁業者の間に、さらに森で涵養《かんよう》された水の恵みをともに受けて生きる農業者と漁業者の間に深刻な亀裂を生み出し、地域社会の崩壊をもたらす事態に至っています。この歴史の教訓に学ぶことなく、その二の舞が、さらに大規模なスケールで、東北太平洋沿岸一帯で生じています。福島県から岩手県における海岸線のうち、浜という浜のほとんどすべての総延長三七〇キロにわたって、巨大なコンクリートの防潮堤が張り巡らされようとしています。一体この国は、いつまで同じ誤りを繰り返し続けるのでしょうか。

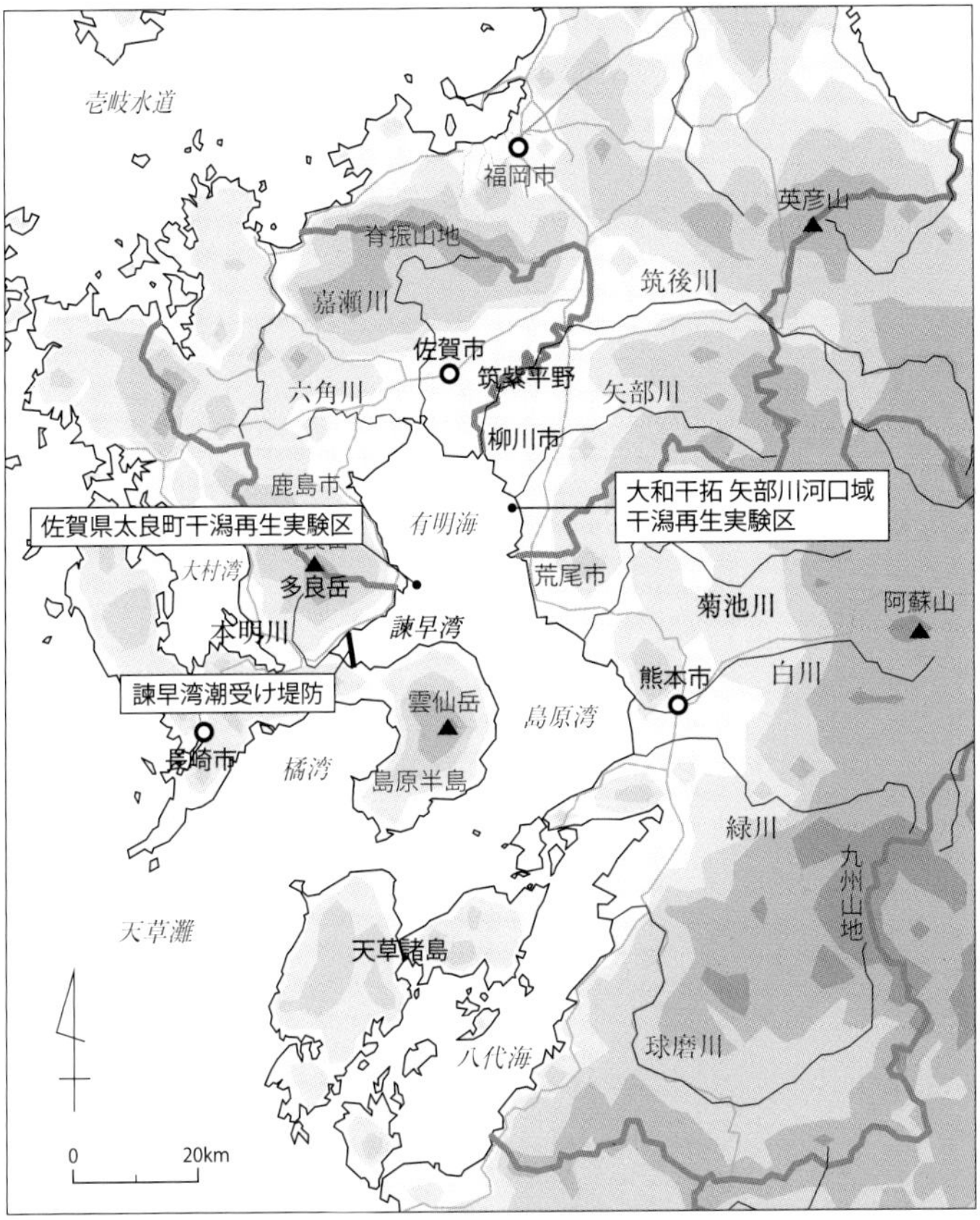

有明海周辺地図

水辺――それは陸（森）と海をつなぐ接点であり、連続的なつながりになくてはならない移行帯なのです。森の恵みを海に届ける重要な役割を果たしているのです。砂浜、干潟、河口域、藻場《もば》、サンゴ礁などが、今、世界的に極めて深刻な事態に至っています。海は広く深く、沿岸域はそのほんの一部であり、そこが多少壊れても大きな影響はないと考えられてきました。しかし、この陸と海の境界域は、多くの海の生きものたちが命をつないでいく上で、掛け替えのない環境（生態系）なのです。

海の多くの生きものたちは、私たちと異なり一度に多くの卵を産み、生まれた子どもたちは流れに身を任せて沿岸域や外洋域を〝プランクトン〟として漂いますが、自らの力で生きていける能力が高まると、おしなべて水際に集まり、そこで子どもの時期を過ごすことが明らかになってきました。

例えばヒラメでは、生後ひと月ほどすると右眼が頭の頂点を越えて左側に移動し、ヒラメの形に変わる体長一センチほどの稚魚に変態する頃に水際の海水浴場のような砂浜に集まってきます。スズキに至っては川の入り口に集まり、中には川の中まで入ってくる個体まで見られます。それは、そこには森からもたらされる豊かな水の供給があるからです。人間でいえば、水際はまさに〝保育園〟や〝幼稚園〟の役割を果たしているのです。

少子高齢化社会に直面しているこの国は、海の生きものの命をつなぐ保育園や幼稚園をことごとく潰し続けてきました。私たちは今一度、人類の先輩である海の生きものたちに謙虚に学び直す必要があるのではないでしょうか。私たちがこれまで、暮らしの利便性や経済成長を促す産業の発達を優先させ、〝水に流せば〟事が済むとばかりに、見かけ上問題を解消し、本質的解決を先送りしてきたことが、今ではもはや抜き差しならない状況に至り、ウナギのかば焼きとアサリの潮干狩りがなくなる現実として顕著に現れているのです。ウナギやアサリがいなくなる背景を見通すことが大切です。

水辺としての渚は、かつて海で生まれた私たち人類の遠い祖先にあたるある種の魚が、新天地を求めて海から陸上に進出した〝ルート〟なのです。水中生活から陸上生活に適応するためには、干潟のように一日の中で海になったり陸になったりする環境に身を置き、次第に陸上生活に適応する体の仕組みと機能を発達させていったものと思われます。私たち人類の存在に深く関わるこのような水際をことごとく崩す先に未来はあるのでしょうか。肩を寄せ合って腰をおろし、沈む夕日を眺め、明日の夢を語り、地平の向こうに思いを馳せる若いカップルにとっても、渚は未来につながる、なくてはならない場所ではないでしょうか。ふるさとにつながる渚を崩し続ける先に、確かな未来はないと思われます。

有明海では、この四年間に再生を巡って、関係者の期待と失望が交錯する事態が進行しています。二〇一〇年一二月、福岡高等裁判所は「二〇一三年一二月までに、諫早湾潮受け堤防の二カ所の水門を開くことにより、水の循環を促し、諫早湾とそれに続く有明海の環境の変化を五年間にわたり調べなさい」との判決を下しました。しかし、国（農林水産省）は適切な策を講じないままに三年の時間を無為にし、開門に一貫して反対してきた長崎県の意向を汲み取るかのように、二〇一三年一一月には長崎地方裁判所により「開門差し止め」の判決が出されるという混迷の事態に至りました。法治国家の根幹を崩すような司法をも巻き込んだ混迷の事態に至っているのです。

私たちは、これらの問題の推移を注視しながら、以下のような視点で、この間、人の輪づくりを基本とした取り組みを進め、有明海の再生を展望しています。その柱にしてきた考えは以下の通りです。

（1）半世紀の間に深刻な事態に至った有明海を再び〝宝の海〟に戻すには、それに見合う時間が必要である。長期的視点で、確かな理念のもとに、それに根差した実践の積み重ねが重要である。

（2）有明海の再生は、海に直接関わる人々の間だけでは実現できるものではなく、流域に暮らす人々が自然とともに生きる価値観を築き直すことが不可欠である。〝つながり〟の価値観の形成を目指す森里海連環（学）の思想の普及の先にこそ再生が見えてくる。

（3）有明海の再生は、我が国の将来に関わる国家的課題であり、東日本大震災からの復興のカギを握る三陸沿岸域の再生は、水際環境の保全と再生という点で共通するものであり、両者は連携しながら国の根幹に関わる問題として〝全国区〟に高めることが重要である。

（4）有明海を今日の瀕死の事態に至らしめた構造的主原因として、二〇世紀後半の五〇年間に筑後川河川敷から膨大な量の砂が持ち出されたこと、筑後川下流に筑後大堰が設置されて大量の水が福岡都市圏に送られていること、全長七キロの潮受け堤防を設置して我が国最大規模の泥干潟を埋め立てたことを挙げることができる。これらに共通の本質は、森と海の分断そのものであり、ここに有明海再生のカギが存在する。

（5）有明海の豊かさの源は〝濁りと汽水〟であり、湾奥部に大量の水をもたらし、同時に絶えまなく濁りを生み出す筑後川河口域が心臓機能を担っている。山々に囲まれ大河が流入する有明海は、まさに森里海連環の世界そのものであり、この海全体の再生には森里海連環思想の普及がカギを握る。

（6）限りなく豊かな海であった有明海を人体にたとえれば、その腎臓機能を担っているのは干潟である。有明海の再生は、水際環境としての干潟の再生がカギを握る。心臓病を患い、腎臓機能をそこなっている有明海を蘇生させ、再生に向かわせる名医としての森里海連環の深化が求められる。

（7）有明海には、当面の利害を最優先するあまり、本来はともに手を取り合って生きる仲間同士が相争わなければならない深刻な事態が広まっている。争いを乗り越えて、この国が直面する「いかに持続社会を生み出すか」という視点で、協調へ転換できるかが再生のカギである。

（8）争いから協調への転換に必要な視点は、いかに有明海を再生させるかを核に、いろいろな立場の人々の輪を築き上げていくことであり、その基本は、今を生きる人間の責務として、いかに続く世代に蘇る有明海（より広い意味では自然）を送り届けられるかを最重視する、「次世代目線」がカギとなる。

（9）有明海の再生は、単に九州のローカルな課題ではなく、この国のこれからの在り様に深く関わる国民的課題であり、様々な困難を乗り越えて再生が実現できれば、それは有明海周辺に限らず、我が国全体の海辺環境の修復につながり、世界が抱える問題解決のモデルになるに違いない。

有明海は、我が国ではこの海でしか見ることのできない多くの生きものたちが身近に生息する、限りなく生物多様性の豊かな海です。干潟でムツゴロウが飛び跳ね、梅雨時にはエツが海から川に上ってきます。冬にはヤマノカミが川（山）から海に下り、カキ殻に産卵し、生まれた子どもたちは〝海の神〟に護られて育ち、再び川に戻ります。これらは、まさに国民的財産であり、今を生きる私たちの責務として続く世代に送り届けることが求められています。

そうした課題に思いを馳せながら、まずは干潟の海に足を踏み入れてください。そこには、日ごろ目にしない生きものたち、私たちの日々の暮らしには〝何の役にも立たない〟無数の生きものたちが人知れず暮らしています。童心に帰って、何とも言えない〝心地よさ〟を感じていただけるに違いありません。まだまだ頑張って生きている生きた化石〝メカジャ〟（ミドリシャミセンガイ）に会いにきてください。ちょっと頑張って干潟の砂泥を掘れば、メカジャが見つかる干潟体験ランドを準備しています。それが、有明海再生の原点なのです。干潟へのいざないが本書の刊行の目的でもあります。

田中　克

森里海連環による有明海再生への道❖目次

第3章　NPO法人「SPERA森里海・時代を拓く」の誕生

第4章　瀕死と混迷の海・有明海再生への道

第1章

筑後川流域から有明海再生を

田中　克

1

瀕死の海、有明海の再生

森里海連環の視点と統合学による提言

私たちの研究グループは、一九八〇年以来、筑後川河口域における特産魚類の稚魚の生態とその生き残りや成長などに関わる河口域の生態系に関する調査研究を、三十数年にわたって続けてきました。その中で明らかになった最も重要な知見は、この海を特徴づける類《たぐい》まれで豊かな生物生産性（漁業者からは「宝の海」と呼ばれていました）と我が国ではこの海にしか生息しない多くの特産種（琵琶湖に生息するニゴロブナやビワコオオナマズなどは、世界中で琵琶湖にしか生息しないので、「固有種」と呼ばれます）を育む限りなく豊かな生物多様性の源は同じであり、それは汽水と濁りを生み出す九州一の大河・筑後川の存在によるとの結論です。このような科学的知見が得られる間に、有明海には様々な環境改変が重なり、異変を通り越して瀕死の海へと変貌する厳しい現実に直面することになってしまいました。科学の知見を現場の問題解決に役立てるには、これまでの科学の枠内での取り組みのみでは限界があり、科学の世界と社会を結びつける意識的な取り組みの必要性に思い至りました。

科学（研究）の世界では、他の多くの分野と同じように、二〇世紀後半より専門的に細かく分かれること（専門細分化）が急速に進みました。一方、現実の世界で起きる問題では、その複合性や多様性を増す傾向が高まっています。とりわけ環境問題は総合的で複合的性質が強く、それまでの細分化された科学では、個別の一点突破的な技術を生み出すにとどまり、複合的な環境問題の本質的解決には極めて不十分であることが次第に明らかになってきました。

そのため、より統合化された科学や学問の必要性が認識され始めました。その一例として、我が国の国土環境は、国土の三分の二を被う森林域と亜熱帯から亜寒帯まで多様性に恵まれた海洋よりなり、両者が三万数千本の川や地下水系によって不可分につながることに特徴づけられます。そして、森から海までの多様なつながりを明らかにし、両者のつながりを良くも悪くもする流域に住む（里に住む）人々の価値観を変えることを通じて、崩してしまった自然を復元させることを目指す統合学問「森里海連環学」が、二〇〇三年に京都大学に生まれることになりました。

（1）三井物産環境基金による助成研究の立ち上げ

有明海は周囲を、雲仙岳、多良《たら》山系、脊振《せふり》山系、九重・阿蘇山系などに囲まれ、湾奥部には九州最大の筑後川が流入し、その立地条件は森里海連環の世界そのものと言えます。この海の豊かさは、このような山や森の存在、多くの川の流入、その流域の人の暮らしの在り様、深く湾入した形に特徴づけられる森里海のつながりに深く関わることが容易に想定されます。

有明海が瀕死の海に至った過程には、多くの要因が関わります。私たちは、中でも以下の三つが最大の直接的要因であると考えています。一つは、二〇世紀後半の半世紀にわたり、高度経済成長に伴う陸域のインフラ整備のために大量の砂利が必要とされ、筑後川の河川敷から三八〇〇万立方メートル近くの砂利が持ち出されてしまったことです。二つ目は、九州最大の福岡都市圏がしばしば水不足に見舞われるために、一九八五年に筑後大堰を造って、大量の水を取水し続けていることです。三つ目は、有明海で唯一最大の支湾である諫早湾の奥部三分の一を全長七キロの潮受け堤防を造って閉め切るとともに、湾最奥部にあった我が国を代表するこの上なく豊かな泥干潟を埋め立ててしまったことです（4ページ上写真参照）。

ここで私たちが立ち止まって考えるべきことは、これら三つのうち何が一番主要な原因かを議論することではなく、これらに共通のより本質的な問題（根源）は何であるかを見定めることと言えます。問題の本質を見抜かないことには、再生の本道は開けないと思われます。河川敷から取り出した砂の大半は有明海に流入し、〝生きた存在〟としての干潟を更新し、そこに生息する多くの生きものたちを育み続ける源なのです。日田の森で涵養された栄養塩や微量元素を豊富に含んだ水は有明海の生きものの命の源ですが、そのかなりの部分が有明海と直接関わりのない福岡都市圏に住む人々の都合で取水され続ければ、生きものたちの命やそれに依拠した漁業関係者の暮らしに影響を与えるのは必然と言えます。諫早湾奥部を閉め切って水の循環を失くし、広大な干潟を埋め立て物質循環を壊せば（浄化能力を停止させれば）、諫早湾奥部の調整池の水は極端に悪化するのは当然の結果と言えます。

これらすべては、まさに人間の当面の利益を優先する勝手な都合であり、有明海の命の源を人為的に、極めて乱暴に断ち切ったことに、本質的な共通点を読み取ることができます。まさに、森里海連環の断絶そのものなのです。それは、上記の三つに典型的に現れてはいますが、それだけではありません。それほど顕著ではないだけに目立ちませんが、有明海のほとんど全域の岸辺から自然海岸が姿を消し、古来多様な形で結びついていた陸域と海域のつながりを分断し続けてきているのです。ここに有明海を再生に向かわせる根源が存在すると言えます。

このような視点、すなわち森里海連環の視点は、すでに〝森は海の恋人〟の視点として全国に広まりつつありますが、それを筑後川流域に広げることを目標に、有明海の再生を目指す具体的な活動を二〇一〇年に始めました。「森里海連環による有明海再生シンポジウム」です。そして、森里海連環による有明海再生の方向を提言するための研究助成を三井物産環境基金に申請しました。幸いにも「瀕死の海、有明海の再生――森里海連環の視点と統合学による提言」が採択され、二〇一一年四月に新たな研究を開始することになりました。

（2）三井物産環境基金助成研究の目的

二〇一〇年一一月に三井物産環境基金に申請した助成研究の目的は、以下のようにまとめられています。

わが国は世界の先進国の中では森林面積率が著しく高い〝特異な〟森林国である。同時に亜熱帯から亜熱帯まで、多様な海に恵まれた海洋国でもある。このような国土環境の特性から、とりわけ植物の多様性は世界的にも注目されているが、近年ではその多様性が著しく脅かされ、世界的にその維持が危惧される〝ホットスポット〟の一つに指定されている。一方、海では、かつては水産物自給率一一〇％を上回る世界一の水産大国であったのが、今では六〇％前後にまで落ち込み、世界最大の水産物輸入国になっている。これまで、国土の管理や利用は、森は森、農地は農地、海は海と全く切り離されて行われてきた。その結果、陸域と海域の境界（エコトーン）である沿岸浅海域は、埋め立てなどにより大きく破壊され、あるいは質的に著しく劣化し、再生産の初期過程が潰され、今日の沿岸水産資源の枯渇と生物多様性の劣化など食料・環境問題を深刻化させている。

このような深刻な事態の解決は、もはや小手先の技術の導入では不可能であり、今こそ新たな価値観並びに新たな統合学問の導入が不可欠である。陸域と海域の生態系は本来密接に関連し、両者の生物多様性とそれを支える環境は維持され、豊かな海の幸がもたらされてきた、との原点に立ち戻ることが必要である。それは〝見えないつながり〟を大切にする価値観の復権であり、二一世紀型の統合学問「森里海連環学」の展開である。このような問題解決への歩みは、二十数年前から自ら山に登って海を再生するために森に木を植え始めた、現場に生きる漁師の〝森は海の恋人〟運動として確実に動き出している。

本研究は、このような現場からのボトムアップ的自然再生運動の理論的根拠となる森と海の密接な連環とそれを断ち切ってきた人間（とその生息空間としての里）の在り方を問う統合学問「森里海連環学」を、これまで多様な調査を長期にわたり続けてきた有明海筑後川流域において実施し、哲学であると同時に実学でもあるこの学問が、今後全国各地で行われている自然と社会の再生運動の根拠になることを目的に展開する。それは、学問の内側では異分野の統合であり、その外側に向かっては科学と草の根運動の世界を融合させる試みでもある。そのことなしには科学は現実を大きく変える力にはなり得ない、との考えによる。

本研究をモデル的に展開しようとする有明海は、一九八〇年代以降に筑後大堰の設置や諫早湾干拓などにより瀕死の海へと転落し、我が国の沿岸環境並びに沿岸漁業の再生にとって〝試金石〟と位置付けられる。日本で最も漁業生産性（生物生産性）の高い〝豊饒の海〟である（あった）と同時に、八〇種を超える特産種や準特産種を抱える生物多様性の〝宝庫〟でもある。この二つの面で豊かな海の特徴は汽水の海であり、濁りに満ちた海である点にある。この二つの豊かさの秘密は、九州最大の筑後川によって源流域からもたらされる栄養塩類、微量元素類、微細鉱物粒子などに深く関わると考えられる。有明海の再生は、森と海のつながりの再生そのものであるとする点において、本研究は、これまで誰も指摘していない独自性と先見性とを有する点に最大の特色を持つ。

これまでの自然再生、生物多様性の維持・再生、生物資源の再生は、陸域と海域に分かれ、陸域は森林域や耕地などにさらに細分化されて対処されてきた。本研究は、海域の生物多様性は我が国では森と海の不可分の連環の上に成り立つとの、これまでの常識を覆す先見性に満ち、今日私たちが抱える深刻な諸問題を同時的に解決できる道を開くものである。そして、このような発想は、稲作漁労文明を共有し、我が国と同じく森と海の国である多くの東南アジア諸国にも適応できる汎用性が高い点にある。この点では、森里海連環学は“H to O Studies”（HはHeadwater、OはOcean）として、我が国から世界に発信すべきオリジナルな学問と言える。

写真1　2010年11月23日にさいふや旅館に集まった市民，漁民，研究者は有明海再生の出発点として，キレートマリンによる干潟再生実験を開始することを決めた

（3）三井物産環境基金助成研究に先行する事前の取り組み

この申請に先立ち、二〇一〇年春季より準備を始め、一〇月三〇日に福岡県柳川市において開催した第一回有明海講演会（シンポジウム）が、後に述べるように、その後の展開の大きな起点となりました。シンポジウム会場では、フロアーとの対話の最後に、ある漁業者から切実な質問が発せられました。「先生方の言われる森と里と海のつながりは、頭の中では分からんこともないが、現実はそんな悠長なことは言っていられないほど困窮している。明日に希望を持てる策を教えてほしい」と。この質問がきっかけとなって、一一月二三日には、このシンポジウムの立ち上げにボランティアで参加いただいた柳川市の「さいふや旅館」（経営者＝内山耕蔵さん・里美さん）に集まる市民、漁民、研究者など多様な人々が、有明海再生に向けた具体的な共同作業について話し合うことになりました（写真1）。

そこには、シンポジウム会場で質問をされた佐賀県藤津郡太良町の漁師・平方宣清《ひらかたのぶきよ》さんも参加され、森里海連環の理念に根差した有明海再生の具体的な突破口（技術的展開）が検討されました。そこでの話し合いを通じて、第一回有明海再生シンポジウムにおける、畠山重篤《はたけやましげあつ》さん（NPO法人森は海の恋人理事長）による森と海のつながりの基調講演、それに続く長沼毅さん（広島大学生物圏科学研究科准教授）による森と海をつなぐ物質としての溶存鉄《ようぞんてつ》とそれを用いた環境改善手法の報告を基礎に、溶存鉄を環境中に長期にわたって溶出するキレートマリン（日の丸産業〔株〕より発売）を用いて、干潟の再生実験を実施することが決められました。その実験漁場には、太良町地先にある平方さんが管理するアサリ増殖場が提供されることになりました。

このような事前準備が進められる中、幸いなことに、二〇一一年三月には三井物産環境基金に申請していた研究助成の採択通知が届き、四月中旬より干潟再生実験が開始される運びとなりました。

(4) 太良町アサリ漁場における干潟再生実験

平方さんが管理するアサリ漁場は、佐賀県・太良町と長崎県・小長井町《こながいちょう》の境界近くに位置します。一九八〇年以前はこの干潟は軟泥干潟であり、アサリの生息には適していませんでしたが、砂を入れるなどの漁場改良を加え、アサリの増殖場として平方さんたち漁船漁業者の重要な収入源となりました。幅一〇〇メートル、奥行き一五〇メートルほどの区画とそれほど広くない漁場から、最盛期にはそれだけで暮らしていけるほどの水揚げがあった場所です。しかし、このアサリ漁場も、諫早湾奥部の潮受け堤防の設置と広大な泥干潟の埋め立てなどの環境改変が重なる中、アサリの発生・生育・生存に異変を来し、最近では新たに砂を入れて漁場を改良しても、その費用を回収することさえ難しいほどに疲弊が進んでいました。

その原因はこの間の有明海全域レベルで進行する環境悪化とも深く関わりますが、この漁場で干潟改善に関する実験を進め、環境順応的に（現場の反応を見ながら、順次有効な技術を加えて）干潟を再生する実験を、漁民・市民・研究者などの協同の作業として展開することになりました。具体的には、広島県・太田川《おおたがわ》河口域のヘドロ化した干潟において、キレートマリン（純度の高い鉄と竹炭を混合し、キレート材やセラミックを加えて固めたもの。練炭型とブリック型が市販）を四〇×四〇メートルの区画の中に二メートル間隔で四〇〇個配置し、底質の変化、底生生物の変化、そして指標生物であり漁業資源であるアサリの変化を三年にわたって追跡することとなりました（写真2）。

この実験の根拠は、キレートマリンから持続的に環境水中に溶出する溶存鉄が、干潟上の底生微細藻類の増殖を促し、また、鉄を要求する微生物の増殖や活性を高めて堆積した有機物を分解し、干潟環境の改善とアサ

写真２　佐賀県太良町の干潟再生実験漁場に設置された400個のキレートマリン

リの食物環境を改善するとの想定のもとに、調査が進められました。この調査は、二〇一一年三月下旬の予備調査を経て、同年四月一九日に漁民、市民、研究者、学生、報道関者など三〇名近くが参加し、有明海再生の突破口としての干潟再生実験と、多様な分野の人々が協同の輪を広げることにより、実現を目指す記念すべき出発点となりました。

所定の作業を終え、慰労のバーベキューの席上、この調査に最も大きな期待をかけておられたアサリ漁場提供者の平方さんが、満面の笑みとともに言われたひとこと「今日は、楽しか」により、この道が間違っていないことを参加者全員が確信することになりました（6ページ上写真参照）。

この実験は、その後、ホトトギスガイの大繁殖により、キレートマリン実験区全面が覆い尽くされる事態が起こり、それを人海戦術で取り除く作業に協力してくれた九州大学工学部や長崎大学水産学部などの多くの学生さんたち、夏季に干潟域に侵入してアサリを大量に捕食するナルトビエイの侵入を防ぐ防護ネットの設置に力を発揮した柳川市民の皆さん、遠く京都から毎月、太良町に駆け付けて干潟調査に参加した京都大学農学部の学生さん、さらに、鳥取環境大学、県立広島大学、地元佐賀大学などの学生さんたちをはじめ、これからの時代を担う若者の参加に、勇気づけられながら調査が進められました。同時に、干潟全面を覆い尽くしていたホトトギスガイの大繁殖が沈静化するなどの自然サイクルにも恵まれ、調査期間の前半にはほとんど姿を消していたアサリ稚貝が、二〇一三年初めごろから目立ち始め、調査に参加した全員に大きな希望を与えることとなりました。

二〇一三年夏以降調査の重点を、蘇ったアサリの成長と生き残りを把握すること、それを研究者の支援のもとに市民が進めることを基本に、ほぼひと月に一度の干潟調査が継続されています。五、六年ぶりに、ある程度の密度で現れたアサリを前に、平方さんは「来春には、この場所を有明海の再生を願う皆さんや子どもたちに開放し、〝潮干狩り復活祭り〟をやりましょう」と提案されたのです。

このように太良町干潟再生実験は、当初の仮説を検証する点では、思わぬホトトギスガイの大繁殖によって、構想どおりには進まず、再度の挑戦（科学的解明）が必要となりましたが、もう一つの有明海再生の条件である、関係する多くの皆さん（ステークホルダー）の気持ちを結び合わせ、その輪を広げることにより、混迷を深めるばかりの有明海の再生に〝灯り〟をともした点では、画期的な前進が見られました。まさに、人々の〝心に森を育む〟こととなったのです。

2

筑後川河口域は有明海の〝心臓部〟

有明海の二つの豊さ、すなわち、限りなく豊かな生物生産性と生物多様性は、共通の源を持ち、それは湾奥部に流れ込む九州で一番大きな河川・筑後川の存在であることを前節で述べました。筑後川が、汽水と濁りの海・有明海の命の源なのです。有明海を私たちの体にたとえるなら、多くの底生動物による水質浄化機能を果たすとともに底生微細藻類による酸素を水中に提供する干潟は〝腎臓・肺〟の役割を担うと言えます。一方、大量の淡水を供給し、有明海を汽水の海にしている筑後川は、同時に大量の濁りを絶え間なく生み出し、この海の豊かさの源であり、いわば〝心臓〟機能を担う存在と言えます。この節では、三井物産環境基金助成研究の重点課題としました干潟の腎臓・肺機能とともに、この海の心臓機能、すなわち、濁りの生成機構やその意味についての調査研究の概要や進展について述べます。

▽濁りの海を生み出す機構：河口域濁度極大域ＥＴＭ

有明海には多くの河川が流入していますが、最も生物生産性が高く、また多くの特産種並びに準特産種が集中する湾奥部においては、淡水供給の大半は筑後川に依存しています。筑後川の上流は二つの支流に分かれています。一つは玖珠《くす》川であり、九重山系に源を発し、もう一つの支流である大山《おおやま》川の源流域は阿蘇山系です。

写真３　筑後川河口点から23キロ上流に，1985年に設置された筑後大堰

すなわち、筑後川は阿蘇・九重山系にその源を持ち、火山灰など火山起源の微細鉱物粒子を豊富に含みながら流下します。これらの粒子は微細であるため、筑後川の水は筑後大堰より上流では透明度が高く、有明海湾奥部の海水のようには濁ってはいません。

河口点から二三キロ上流にある筑後大堰（写真3）を流下すると、水の濁りが次第に増し始め、大潮の満潮時には河口点から一五キロ上流に位置する六五郎橋周辺で濁りは最大になり、濁度を示す値は一〇〇〇を超えます。このような濁りが著しく高くなる場所は、濁度極大域（Estuary Turbidity Maximum:ETM）と呼ばれ、世界の大きな川では普遍的な存在です。我が国は山岳地帯が多いため河川は比較的短く、また急流が多いために、このような濁度極大域が顕著に現れる河川は多くはありませんが、筑後川ではその形成の条件が整い、非常に明瞭に現れるのです。

▽濁度極大域

有明海は、我が国では最も潮の満ち引きが大きく、大潮時には最大干満差は六メートル近くに達します。筑後川では、大潮の満潮時には海水が河口点から十数キロ以上さかのぼり、潮の満ち引きにより水位が変わる感潮域は筑後大堰にまで及びます（筑後大堰設置以前にはさらに上流五～六キロにまで達したといわれています）。

筑後川の河口点から上流に向かって水の中の濁りの量（濁度）を調べてみますと、大潮の満潮時には河口点から一五キロほど上流の六五郎橋付近でその値が最も高くなります。その濁りの量は、一リットル当たり三グラムの泥が含まれるほどです。この濁りが最も高く現れる場所、河口濁極大域の先端（川の上流側）の塩分は一前後（三〇分の一の海水）で、塩分一〇前後までが濁度が特に高い場所です。

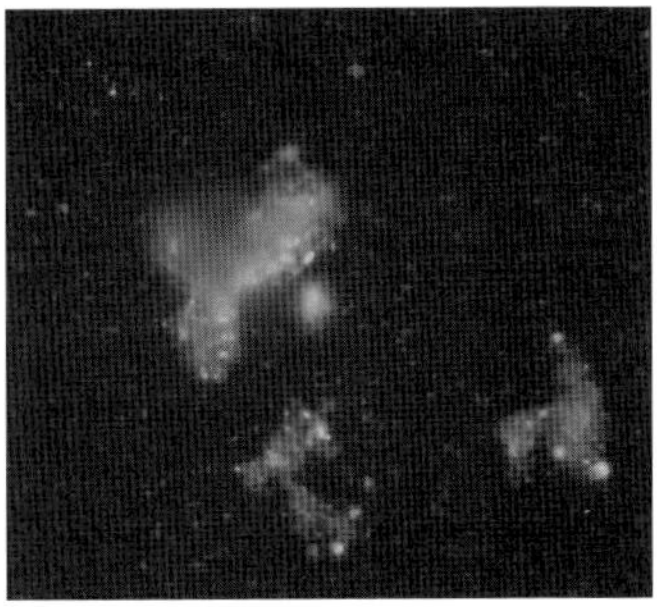

写真4　筑後川河口域に採取した水の中に含まれる有機懸濁物質の周りに吸着するバクテリア

▽濁度極大域の形成機構

筑後川上流の玖珠川は九重山系に、大山川は阿蘇山系に源を発し、大量の火山性鉱物粒子が水に溶けて有明海にもたらされます。これらの粒子は非常に小さいので、筑後川の水は濁っているわけではありません。しかし、この水が海の水に出合うと、微小な粒子の周りの電荷が変わり、互いに凝集して大きな粒子（このような粒子をフロックと呼びます）に成長します。それによって、筑後川の水は著しく濁った状態になります。そのことが最も顕著に現れる所が、大潮満潮時では六五郎橋付近の塩分一前後の場所というわけです。

このようにして形成される粒子は非生物的な無機的存在であり、このままでは栄養価はなく生物に利用されることはありません。しかし、この粒子の周りには、動植物プランクトンの破片、動物プランクトンの糞、原生動物、バクテリアなど多様で微細な有機物が吸着し、次第に栄養価の高い有機懸濁物となります（写真4）。

この有機懸濁物は、「腐食連鎖」（植物プランクトンを出発点とする連鎖が「生食連鎖」と呼ばれるのに対して）の出発点になる物質で、デトリタスとも呼ばれ、これらが分解あるいは消費されることなく深海に降り注ぐ様子は、雪が降る様子になぞらえられ、マリンスノーと呼ばれています。最近では、これまで謎であったニホンウナギの仔魚（特異な形態をしているため、レプトセファルスと呼ばれます）の餌であることが明らかにされている重要な物質です。

▽デトリタスの河口域生態系における役割

海の食物連鎖の出発点は微細な植物プランクトンであり、二酸化炭素・光・水・栄養塩類などをもとに光合成を行い、増殖します。この植物プランクトンを食べてカイアシ類などの動物プランクトンが増殖し、稚魚や小魚、さらに肉食性の大型捕食者へとつながるのが一般的な流れとされてきました。

しかし、有明海のような内湾では、このような植物プランクトンを出発点とする「生食連鎖」以外に、デトリタスを出発点とする「腐食連鎖」が重要である可能性が推定されてきました。筑後川河口域での長年の研究から、河口濁度極大域で生み出されるデトリタスを主食とする特異なカイアシ類が存在することが明らかにされています。そのカイアシ類はシノカラヌス・シネンシスという大型の特産種であり、また春季から初夏の多くの稚魚が出現する時期に増える種であるため、スズキ（有明海のスズキには、特異な遺伝的背景を持った大陸沿岸遺存種の特徴を備える個体群が含まれています）、ヤマノカミ、アリアケヒメシラウオ、ハゼクチ、エツなど多くの特産魚の稚魚にはなくてはならない存在です。

▽濁度極大域で生み出されるデトリタス

三井物産環境基金の助成研究では、濁りの海である有明海の心臓機能としての濁度極大機構の解明が、森里海連環の視点より取り組まれました。その中心課題は、心臓に〝血液〟を送り込むのは、筑後川上流の森林域において涵養された水とその中に含まれる〝血液成分〟としての栄養塩類と微量元素である鉄分であるとの考えにより、その季節を通じた動態の解明でした。

筑後川河口沖から本流、支流の玖珠川ならびに大山川、さらに宝満《ほうまん》川などをカバーする三十数点における、文字通り源流域から河口域までの全域（図1）において、栄養塩類ならびに溶存鉄の季節変化が周年（二〇一一年五月～二〇一二年六月）にわたり調査されました。その結果、溶存鉄は上流から下流に向かうに伴い濃度が高まり、濁度極大域において最も高い値を示したのち、河口からその沖に向かって顕著に減少する著しい増減を

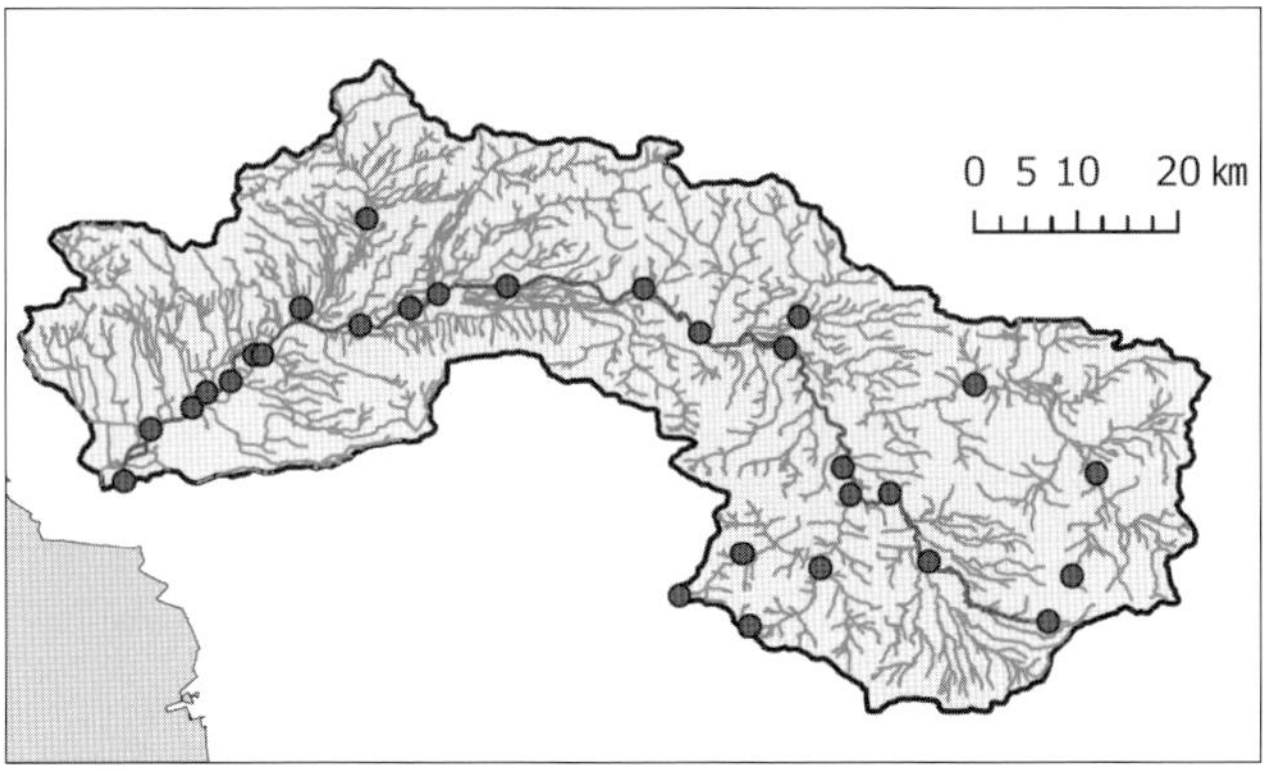

図１　栄養塩類ならびに溶存鉄を採取するために，筑後川水系に設定された定点

示しました。溶存鉄は河口域において植物プランクトンの増殖に深く関わる要素であり、濁度極大域周辺における基礎生産に深く関わる可能性を強く示唆する結果が得られました。これまでの知見では、濁度極大域では光の透過性により光合成が抑制され、植物プランクトンの増殖は相対的に低く、その上流側ならびに下流側で生産された植物プランクトンが濁度極大域のデトリタス生産に関わるかが、今後の課題として浮かび上がりました。

▽デトリタスの栄養源としてのバクテリア

三井物産環境基金による助成研究の焦点の一つは、九重・阿蘇山系に由来する微細鉱物粒子が栄養価の高い有機懸濁物（デトリタス）に変化する上で、微生物、とりわけバクテリアの存在に注目することでした。むしろ、バクテリアが最も重要な栄養源となって汽水性のカイアシ類であるシノカラヌスの生産を支え、多くの特産魚の稚魚の成長や生き残りを支えているのではないかとの仮説が立てられました。

このような過程が解明されれば、九重・阿蘇山系が筑後川河口域において微生物活性を高め、特産仔魚を育んでいる新たな森と海のつながりの仕組みが解明されるのではないかと大いに期待されます。微生物から稚魚までのつながりの解明です。

3 干潟再生実験

有明海の腎臓・肺機能の活性化

▽干潟は有明海の腎臓・肺の役割

前節では、濁りの海である有明海の心臓機能としての筑後川河口域における濁度極大形成機構を、森からの微小な鉱物粒子、栄養塩類、溶存鉄などの微量元素の供給との関連で述べました。人体の機能の中で、もう一つ極めて重要な役割を果たしているのが老廃物を除去する腎臓であり、また、酸素を取り込み体内各所に送りこむ肺と言えます。有明海ではその腎臓と肺機能を担っているのが広大な干潟なのです。そこには、貝類、エビ・カニ類、多毛類などの無数の底生無脊椎動物（ベントス）が生息し、水中の植物プランクトンや有機懸濁物を体内に取り込み、自らの体に変えることにより、水中の粒状有機物を除去しています。同時に、その過程で植物が増殖するのに必要な栄養塩類を海水中に戻す役割も果たしています（図2）。

例えば、干潟の主要な生物であるアサリは、あの小さな体にもかかわらず、一日に二リットルもの水を取り込み、その中に含まれる有機物を除去します。大きなカキになると、その量は一日二〇〇リットルにも及びます。アサリがたくさん生きる環境を保全すれば、干潟はしっかりした浄化機能を発揮して天然の半永久的な〝下水処理施設〟として機能してくれるのです。施設が老朽化して造り替える必要がないばかりか、漁師の収入

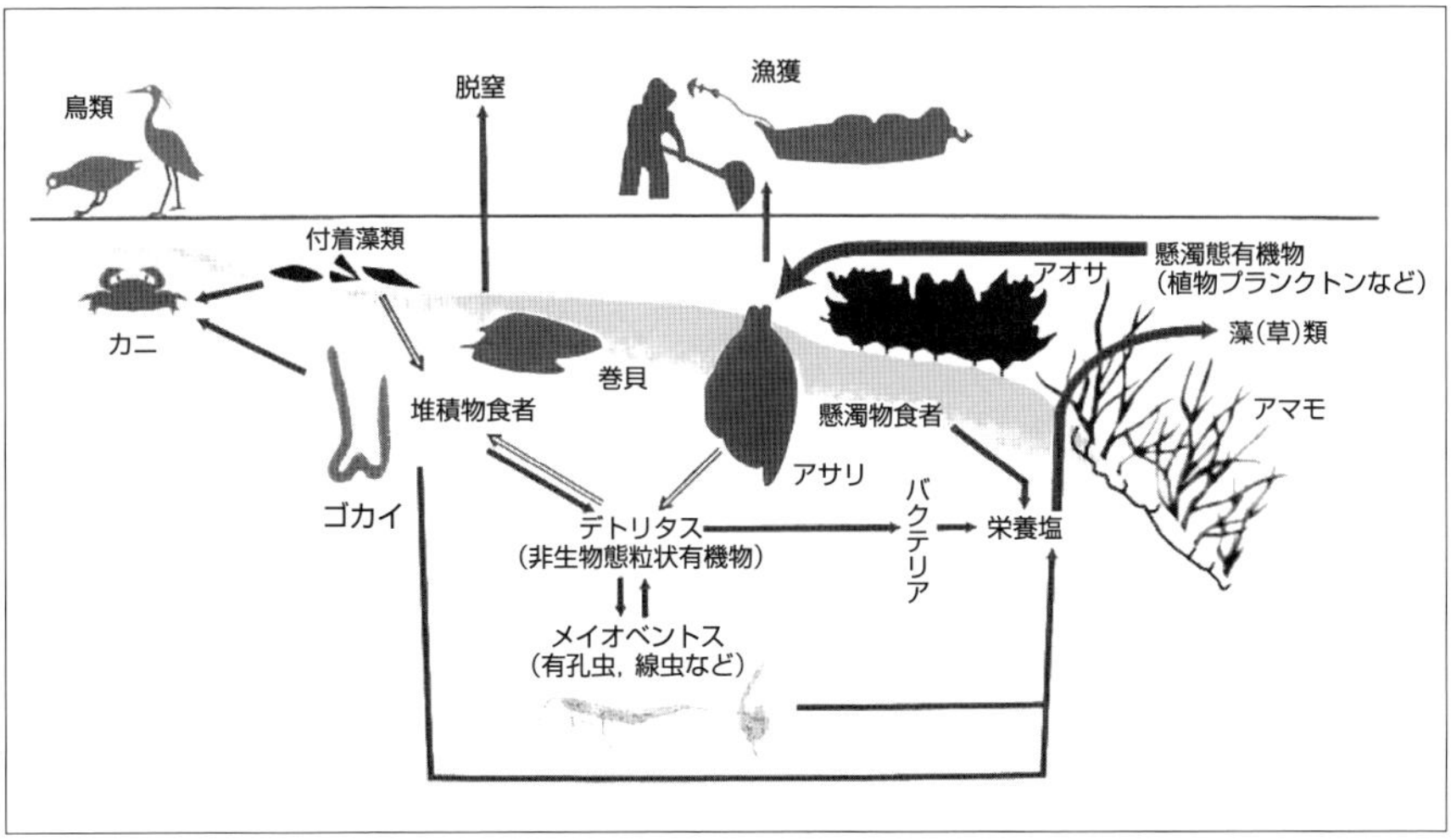

図２　干潟の物質循環を示す模式図（鈴木輝明氏作成）

源、私たちの食材、そして春の風物詩として潮干狩りを楽しむことができ、その価値は計り知れません。

　内湾の奥部には通常、川が流入し、川の岸辺や河口デルタ地帯には人間が集中することにより、生活並びに産業活動などを通じて生み出される大量の窒素（N）やリン（P）が海に流入し、植物プランクトンの増殖を促します。それらの流入が限界を超えると、いわゆる富栄養化が起こります。

　かつての有明海では、豊富な栄養塩類などは海水中や干潟の上でどんどん増える珪藻類などの植物プランクトンによって吸収され、それらは動物プランクトンやベントスによって食べられ、物質循環が健全に回転していました。しかし、この間、我が国沿岸域では開発が進められ、自然海岸が消失し、また、川には堰やダムが設置されて、干潟を更新する砂や泥が海に流入しなくなりました。次第に疲弊した干潟からベントスが減少し、増殖する植物プランクトンは食べられることなく海底に堆積され、それらが微生物によって分解される過程で大量の酸素が消費され、貧酸素化が大規模に、また頻繁に発生するに至りました。

▽有明海の腎臓・肺機能の衰弱とノリ養殖漁業

第２章６において中尾勘悟さんが紹介されているように、かつての有

写真５　かつては諫早湾周辺に100統は設置されていた，有明海を代表する伝統漁法「石干見」（中尾勘悟撮影）

明海には、大きな干満差や広大な干潟をうまく活用した多種多様な、有明海ならではの伝統漁法が各地に見られました。岸辺の海側に半円形に石を積み上げて、長さ一〇〇メートル以上、高さ二～三メートルの堤（石垣）を造り、満潮時に上げ潮とともに流入した魚、エビ・カニ類などがその中で餌を食べるのに夢中になっているうちに、引き潮とともに海水が石積みの間から抜け出して取り残されるという、〝果報は寝て待て〟方式の、この上なく牧歌的な漁法「石干見《すくい》」（写真５）のような単純な手法でも漁が成り立つほど生きものがたくさんいたのです。また、諫早湾奥部の泥干潟はアゲマキの恰好の漁場であり、子どもたちは学校から家に戻ると、鞄を玄関にほうり出して干潟に出かけ、そこで泥まみれになって遊びながら、アゲマキを集めて家に持って帰ります。それは子どもたちの大切なお小遣いになり、中にはそれを貯めて学費にした子どもたちもいたのです。

しかし、干潟が発達する陸と海の境界域は最も埋め立てやすい場所であり、また流域の人々の生活や産業活動によって汚染を受けやすい場所でもあります。有明海でもこのような場所は人間活動の著しい影響を受けて、「宝の海」と呼ばれた限りなく豊かな海はこの間急速に変貌を遂げ、タイラギ、アゲマキ、ウミタケ、サルボウガイ、そしてアサリまでもが消えつつあるのです。魚介類が著しく減少して漁船漁業が衰退する中で、行政の施策も含めて有明海はノリ養殖のみの海に変貌しつつあります。そして、このような事態に至ったのは、病気の発生を抑えるために大量に使用される酸が海底に生息するベントスなどの生物に悪影響を及ぼしたことが主原因だ、と漁船漁業者とノリ養殖業者の間に深刻な対立が生じています。

しかし、有明海が限りなく豊かな海であったころには、干潟や浅海底には多様な生物が生息し、水中の植物プランクトンをどんどん食べることによって適度に間引かれ、水中の栄養塩類は植物プランクトンによって独り占めされることなく、ノリにも配分されていました。アサリなどの多様なベントスによって植物プランクトンが食べられることにより、それらが海底に溜まって微生物に分解されて酸素が消費され貧酸素状態をもたらすことはなく、そればかりかアサリは栄養塩類を再び水中に戻すことによって、ノリの生長にも貢献していたのです。多くの生きもの（ベントス）が海底に生息することは、ノリ養殖を持続的に行う上でも極めて重要なことなのです。

大変残念なことに、水中に栄養塩類が不足した場合には、目先の収穫のみに目を奪われ、安易にノリ養殖場に窒素肥料などを散布することが行われていますが、それは中・長期的には自らの首を絞めていることにもなりかねません。ノリ養殖業を持続的に進めることと貝類などを漁獲する漁船漁業を持続させることは、実は同じ源の問題なのです。栄養塩類の不足によるノリの色落ちなどの問題の本質的な改善策は、海底に〝ヘドロ〟として溜まった有機物を生きものが利用し、栄養塩類を水中に戻すことが必須であり、ここに漁船漁業とノリ養殖業の共存の根拠があり、共に手を携えて有明海の再生に向かえば、市民や関係者が幅広くそれを支える輪が広がるのではないでしょうか。

▽森と海のつながりから干潟を再生する

干潟は河口近くに形成され、森と海をつなぐ結節点です。森や山から不断に砂や泥がもたらされ、疲弊することなく健全な状態が保たれます。そこに棲む生きものたちの栄養源（餌）は、植物プランクトンであり、先に説明しましたＥＴＭで生成されるデトリタス（有機懸濁物）です。水中に浮遊する植物プランクトンや干潟表面に付着する微細藻類の増殖には、窒素やリンなどの栄養塩類並びに溶存鉄が必須となります。これらの多くは森林域や川沿いの湿地帯などで生み出され、川や地下水系を通じて干潟にもたらされます。

問題は、これらの栄養塩類や微量元素を供給する森林や湿地が健全に維持されているかどうかです。我が国は世界の先進国の中では特異的に森林に恵まれた国です。しかし、その四〇%は、戦後の拡大造林政策に基づいて造り出されたスギ、ヒノキ、カラマツなどの単一樹種の人工林です（写真6）。これらの森も、林業が成り立ち、管理が行き届いていれば、人工林の下地に小灌木や草が茂り、雨によって表土が流れることはありませんが、外国産の安い材木の輸入により成り立たなくなった林業は、スギやヒノキの人工林を放置し、しばしば土砂崩落などを起こして大きな問題になっています。これらの針葉樹の人工林では腐葉土層の形成が阻害され、その土壌中では溶存態の鉄が生み出されにくくなるのです。

写真6　日本の森に広がった単一種の人工林。近年では林業衰退により手入れがされずに，森林生態系の劣化を引き起こしている（京都大学フィールド科学教育研究センター提供）

また、我が国の河川は、大小の規模にかかわらず、直線的な水路に変えられ、管理の都合上コンクリートで三面を固められ、その流域に形成されていた湿地（遊水地）はすっかり姿を消しました。多くの生きものたちが生息する森林生態系や、湿地生態系、河川生態系は消失あるいは著しく変質させられ、生物活動に深く関わる栄養塩類や溶存鉄などの供給機能を失ってしまったのです。この中で、窒素やリンなどの栄養塩類は流域に集まった人間の活動によって人為的に生み出されて海に流れますが、溶存鉄は森里海連環の断絶により、途絶えているのではないかと判断されます。そこで、溶存鉄を生み出す環境改善剤としてキレートマリンに注目し、干潟再生実験を進めることになりました。

▽市民・漁民・研究者の連携の輪を広げる

二〇一〇年一〇月三〇日に柳川市において「第一回森里海連環による有明海再生シンポジウム」が開催されました。前述しましたように、そのシンポジウムに参加された佐賀県・太良町の潜水漁師・平方宣清氏の

写真7 佐賀県太良町に設定された干潟再生実験漁場で作業に取り組む市民，漁民，研究者，学生

発言、「森里海のつながりとその再生という理想の話は、頭の中では分からないことはないが、私たちは明日をどのように生きようかと困り果てている。それにつながる道を教えてほしい」が、その後の干潟再生実験を開く大きな転機になりました。一一月二三日に柳川市のさいふや旅館に関係者一〇名が集まって協議した結果、森里海連環の理念に基づいた具体的な干潟再生実験を開始する方向が定まりました。そのような実験を沿岸域で行うことは、漁業権との関連で、通常は簡単なことではありませんが、平方さんが管理されているアサリ漁場を干潟再生実験に提供していただくことになりました。

このような事前の諸準備が評価されたのか、幸いにも三井物産環境基金に申請していました「瀕死の海、有明海の再生——森里海連環の視点と統合学による提言」が採択され、二〇一一年四月から干潟再生実験が、太良町地先の干潟で始まりました。この干潟漁場はもとは軟泥質でしたが、アサリの生息が可能なように砂を入れて改良されたものです。一〇〇×一五〇メートル程度の漁場ですが、一九八〇年代にはアサリだけで十分に暮らしが成り立つほどの水揚げがあったそうです。しかし、最近では毎年砂を加えてもアサリが育たなくなっていました。ここに、キレートマリン四〇〇個を四〇×四〇メートルの区画に二メートル間隔で設置し、徐々に溶出する鉄により干潟上の微細藻類の繁殖を促進し、アサリなど底生生物の餌環境を改善するとともに、酸素の供給を促そうとするものです。また、ヘドロ化した底質を鉄要求細菌の活性を高めて分解することを目的としました。

二〇一一年四月一九日には、太良町の実験干潟に漁民、造船所関係者、旅館経営者、商店主、企業関係者、諸財団関係者、写真家、ドキュメンタリー映画監督、大学教員、研究者、学生、報道関係者など、職業や年齢など極めて多様な三〇名近くの皆さんが集まり、有明海を再生したいとの共通の思いで、干潟へのキレートマリンを設置する作業が行われました（写真7）。

作業を終了した後、さいふや旅館に集まる市民の皆さん（二〇一〇年一〇月三〇日に柳川市で開催した第一回有明海再生シンポジウムの世話役を担当された皆さん）が準備したバーベキューを浜辺で楽しみ、有明海再生の突破口につながる干潟の再生とその指標であるアサリの復活を願って慰労会が行われました。先にも紹介しましたが、その時、あいさつをされた平方さんの満面の笑みと「今日は楽しか」の一言が忘れられません。日ごろは「よみがえれ有明海訴訟原告団」二五〇〇名の代表的立場で国や長崎県との交渉や裁判の矢面に立ち、なかなか展望が見えず暗い気持ちになりがちな日々の中、この干潟再生実験に集まった皆さんの干潟を再生しようと願う気持ちに触れ、このような人の輪を広げれば、有明海は再生できるかもしれないとの確信が芽生えたのではないでしょうか。

後にも述べますように、多くの問題や予期せぬ障害を一つ一つ解決しながら調査を続ける中で、二〇一三年春ごろから実験漁場にはアサリの稚貝が目立ち始め、二〇一四年四月には、子どもたちや高校生、大学生、環境関係のＮＰＯの皆さん、行政関係者、報道関係者に、この実験漁場を開放し、「アサリの潮干狩り復活祭」を開く展望が開けたのです。

4 有明海再生シンポジウム、三年間の軌跡

▽森里海連環による有明海再生シンポジウムの立ち上げ

私たちは一九八〇年以来、筑後川河口域二五キロの間に定めた七つの定点（その後、上流側に三定点を加えて、筑後大堰直下までの三三キロの間の一〇定点とする。図3）において、毎年三、四月の大潮時に出現する稚魚の研究を続けてきました。それらの継続的調査で得られた知見を広く市民に広げたいとの思いと、稚魚の生態調査に没頭している間に有明海には様々な異変が生じ、さらに事態は悪化の一途をたどって瀕死の海に至りつつある現実に直面し、有明海の再生に向けて何かの役に立ちたいとの思いが高まりました。

京都大学に在籍していたころに、この海をこれからの時代を担う若者に体感してもらうことを目的に、筑後川河口域においてフィールド実習を行いました。その中で、「有明海を育てる会」の会長を務めてお

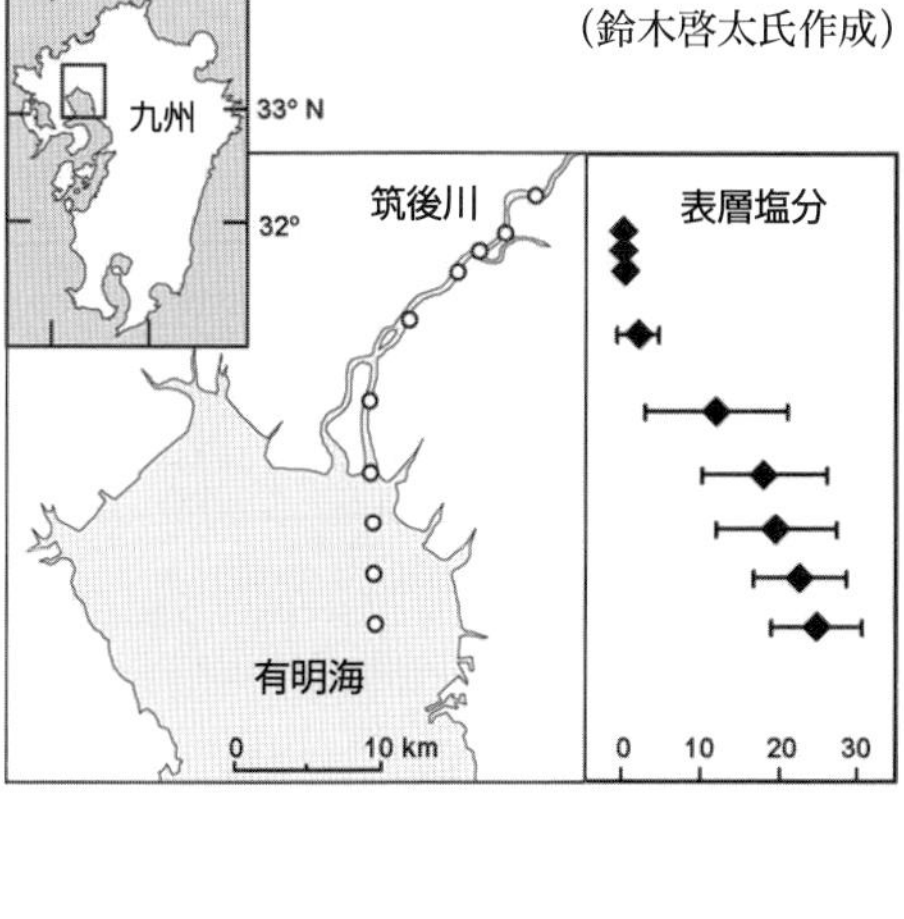

図3　筑後川10定点
（鈴木啓太氏作成）

られる近藤潤三さんに大変お世話になる機会に恵まれました。京都大学のいろいろな学部の新入生六名と実習助手の大学院生を含め総勢八名を、有明海の多くの特産種が並んだ郷土料理の会食に招待していただき、関係の漁業者の皆さんから有明海の惨状とその原因についてのお考えや取り組みをお聞きするとともに、この海を再生させるための研究を進めてほしい、との要望を聞く機会を得ました。

これまでの筑後川河口域での研究成果と二〇〇三年に提唱した「森里海連環学」の理念に沿った有明海再生シンポジウム（あるいは講演会）を開催する構想を近藤さんに相談し、ご支援をいただくことになり、二〇一〇年七月に柳川市の総合保健福祉センター「水の郷」に会場を確保し、準備を進めました。当時は柳川市に基盤がなく、ほとんど自身ですべての準備を進め、企画の趣旨をまとめました。それは、後で紹介します企画の趣旨にありますように、濁りと汽水の海である有明海の命の源は九州最大河川の筑後川であること、川の流域の森から海までの人々のつながりの輪を築くことが大切であること、そして、〝ノリの畑〟となりつつある有明海を、ノリ養殖業と貝類など多様な生きものを漁獲する漁船漁業が〝共存する海〟に戻すこと、を明記しました。

しかし、この三つ目のノリ養殖業と漁船漁業の共存が、近藤さんの〝逆鱗に触れる〟ことになりました。近藤さんが会長を務めておられる「有明海を育てる会」では、限りなく豊かな海を瀕死の海に至らしめた最大の要因は、ノリの病気を抑えるために大量に使用し続けてきた酸（クエン酸・リンゴ酸など）であると考え、ノリ養殖業と漁船漁業の共存はあり得ないとの指摘を受け、このような趣旨ではシンポジウムを開催できないと言われてしまいました。すでに予約して使用料を納めた会場を急遽キャンセルし、途方に暮れる事態に至りました。そのような〝孤軍奮闘〟と〝孤立無援〟の窮状を見かねて助け舟を出していただいたのが、それまで二〇年近くにわたり、筑後川調査で定宿としてお世話になり続けていた柳川市のさいふや旅館のご主人・内山耕蔵さんでした（写真8）。

内山さんは、若いころから近くの子どもたちを連れて山へキャンプに出掛け、夏は海水浴や魚釣り、冬は鳥

写真８　有明海における基礎生態学的研究と干潟再生実験の拠点となっている柳川市の「さいふや旅館」と内山耕蔵氏

取県の大山へスキーに出かけ、また、趣味の音楽では地域でコンサートを開催するなど世話役活動に取り組んでこられました。そのような世話役の気持ちが目覚めたのか、それとも私があまりにも落ち込んでいたため「放ってはおけない」と思われたのか、「手伝うことがあれば、おっしゃってください」と手を差しのべていたのです。もちろん、この上なくありがたいひとことに、素直に助けを求めることになりました。もし、近藤さんとの意見の食い違いが生まれなかったら、内山さんとのその後のつながりの深まりは生まれなかったかもしれないと思うと、何が幸いに転じるか分からないものだと感じています。誤解のないように付け加えておきますが、私の近藤さんへの信頼感がなくなったり、また、内山さんと近藤さんとの関係が悪化したようなことは全くありません。近藤さんが私財を投げ打って、有明海を守り育てるためにこの海にしかいない生きものたちを多くの人々に見てもらう目的で設置された「おきのはた水族館」に大学生や高校生などを連れて行くなど、今も交流が続いています。

内山耕蔵さんと奥さんの里美さん、それに娘さんの知亜利さんはじめ、さいふや旅館に集まる市民・漁民の皆さんが会場を確保し、開催のためのまとまった資金がないままに、ほとんど手づくりでシンポジウムの諸準備が進められました。そして、二〇一〇年一〇月三〇日、記念すべき第一回有明海再生シンポジウム開催の運びとなったのです。

第一回有明海再生シンポジウム

二〇一〇年一〇月三〇日に柳川市立三橋公民館大ホールにおいて、第一回有明海再生シンポジウムが開催されました（写真９）。企画の趣旨は以下のように記されています。少し長くなりますが、その後の取り組みの基本になる視点がこの中によく記述さ

写真９　森里海連環による有明海再生第１回シンポジウムのポスター

れていますので、全文を紹介します。

　類まれな生物多様性に満ちた豊饒の海・有明海は、様々な要因の複合から、異変と呼ばれる極めて深刻な事態に陥り、関係者の懸命の努力にもかかわらず、未だ再生への道を見通すことができません。幸い、マニフェストに開門をうたった新政権が誕生し、有明海問題の焦点である諫早湾閉め切り堤防開門への世論が高まり、ついに政府は二〇一〇年四月二八日に開門の意思表示を行い、その効果や影響を中・長期的に見定める調査を次年度より実施する方向を打ち出したことは、有明海再生への大きな起点になるものと期待されます。

　しかし、さらに先を見通せば、開門はその出発点であることには違いありませんが、本質的な有明海の再生はさらに奥深い問題と思われます。有明海は一大河口域です。淡水と海水が混じった〝汽水〟が豊饒の海の秘密と言えます。海苔養殖も貝類、甲殻類、魚類はじめ多くの多様な生き物を対象とした漁業も全て〝汽水〟の恵みです。諫早湾の閉め切りも大局的に見れば陸域と海域の分断であり、汽水域とそこに発達する干潟域の消失そのものと言えます。有明海を一大汽水域にしているのは、湾奥部に流入する淡水の大部分を供給する筑後川の存在と考えられます。

　これまで、海は海、農地は農地、森は森、都市は都市としてそれぞれのつながりに関係なく個別に管理され、行政施策が講じられてきましたが、有明海の豊かさの源を辿ると、それらの区分けを超えて母なる筑後川の存在そのものに行きつきます。今後、有明海の再生、すなわち、持続的な環境低負荷型の海苔養殖業とその他の多様な生き物を対象とする漁業が共存し、広く人々が様々な恩恵を受ける海に再生させるためには、有明海内部の問題としてだけではなく、筑後川を中心とする河川流域の人々の暮らしや川とのかかわり方を見詰め直すことを抜きには、その再生はおぼつかないと言えます。

我が国は奥深い森と多様な海に恵まれ、世界的にも極めて稀な森と海の国です。本来は豊かな森が豊かな海を育んできました。その典型的な事例が有明海です。しかし、この間、有明海を取り巻く環境は大きく変わり、森と里と海のつながりは分断され、今日の深刻な〝有明海異変〟を招いています。このことは単に有明海に限らず、多くの沿岸域が共通に抱えている問題です。この有明海において、その環境と漁業の再生への道を開くことができれば、それは日本全体の沿岸域を元気づけるに違いありません。

森と里と海のつながりを数十年以上にわたり肌で感じ、自ら山に木を植え続け、子どもたちの環境教育に関わってこられた〝森は海の恋人〟運動の牡蠣養殖漁師・畠山重篤さんを迎えて、講演会「森里海連環に基づく有明海再生への道」を開催致します。主催者一同、この講演会を通じて、有明海の再生を目指し、筑後川流域の英知を集めて今後の動きを速める転機にできればと願っています。有明海再生への新たな扉を開くべく、一人でも多くの皆さんのご参加を切に願っています。


第一部では三つの講演、「阿蘇山が有明海の特産稚魚を育む――母なる川筑後川」（講演者田中克、京都大学名誉教授）、「干潟再生の秘密兵器・〝溶存鉄〟の効果」（長沼毅、広島大学准教授）、並びに「汽水の恵み――森が海を育む」（畠山重篤、NPO法人森は海の恋人理事長）が行われ、森と海のつながりが有明海再生の基本視点であり、両者をつなぐ物質としての溶存鉄が再生のカギを握ることが紹介されました。第二部では、地元の久留米市に本拠を置くNPO法人筑後川連携倶楽部理事長・駄田井正氏、並びに熊本県緑川流域を活動の本拠にするNPO法人天明水の会理事長・浜辺誠司氏による討論素材が話題提供され、パネル討論が行われました。

本講演会には、有明海の漁民の参加を期待して漁業協同組合などにチラシやポスターの配布を行いましたが、反応はにぶく、また、ノリ漁期とも重なり、漁民の参加は限られました。しかし、一一〇名前後の皆さんに参加していただき、素人の手造り講演会としては成功を収めたと評価できます。とりわけ、佐賀県太良町から参加いただいた潜水漁師の平方宣清さんとの出会いの場となり、同氏の「理念だけでなく、何か具体的な有明海の再生につながる道を示してほしい」とのひとことが、その後の道を開くきっかけになりました。また、この講演会を全面的に支援していただいたさいふや旅館に集まる皆さんは、初めての取り組みに戸惑いながらも、頑張れば一〇〇名を超える人々が集まり、真剣に地域や有明海の再生を考える場が持てたことに、それぞれが感動され、その後の活動とNPO法人SPERA（後述）の自然発生的な誕生につながる土壌が生まれました。

実質的にシンポジウム実行委員長的役割を務められた内山耕蔵氏は「これまで、音楽会の企画をはじめいろいろなことに取り組んできたが、その場限りで後に何も残らなかった。このままでは無為な人生を終えてしまいそうな中で、当初は〝義理〟で手伝った講演会準備作業を通じて、森里海連環の思想に大いに感銘を受け、これからの人生をかける道を見つけることができた」と、講演会を終えて帰路に着くお礼のあいさつをする私の手を取っておっしゃっていただきました。思いがけないひとことに胸が熱くなるのをこらえながら、私は強く手を握り返しました。ここに、その後の連続講演会開催のレールが引かれることとなりました。この講演会をきっかけに、平方宣清氏のアサリ漁場で干潟再生実験が具体化したことは先に紹介したとおりです。

第二回有明海再生シンポジウム

二〇一一年二月末には、三井物産環境基金に申請していました助成研究「瀕死の海、有明海の再生——森里海連環の視点と統合学による提言」の採択の内定通知を受けました。三月上旬には、助成研究メンバー（研究者）と現地で有明海再生に関わる市民、漁民の皆さんの顔合わせ並びに問題点の共有を目的に、第一回有明海再生研究会を私が所属する（財）国際高等研究所において開催しました。その時点では、わずか一週間後に世界を震撼させる未曾有の巨大な地震と津波が東北太平洋沿岸地域に壊滅的な打撃を与えることなど想像もつきませんでした。そこでは、なるべく早い段階で有明海再生を森里海連環の視点から実現するシンポジウムの開催が提案されました。

その後、シンポジウム実行委員会が立ち上がり、森は海の恋人運動に賛同されている広瀬勝貞大分県知事とのつながりから、筑後川中流域の大分県日田市が選ばれ、東日本大震災チャリティー事業としての開催が決まりました。第二回有明海再生シンポジウム「日田の森は有明海の魚附き林」（写真10）の企画の趣旨は以下のようにまとめられています。

写真10 森里海連環による有明海再生
第２回シンポジウムのポスター

わが国は世界的にみて、類まれな森の国であり、海の国である。この両者は二万本の川で結ばれ、計り知れない恩恵をもたらしてきた。しかし、この森と海のつながりは、流域に住む人々の経済効率最優先とあくなき物質文明の追求により分断され、人と人のつながりや心の豊さまで失くしつつある。その典型を有明海に見ることができる。古来、海辺の森は海の生きものを育む存在として大切にされてきた。つまり、日田の森は有明海の〝魚附き林〟なのである。おりしも、日本は未曾有の大震災に見舞われ、国民の総意による復興という極めて大きな問題に直面している。この大地震の直撃により再起不能と言えるほどの大打撃を受けた森は海の恋人運動の推進者・畠山重篤氏をお迎えして、森と海のつながりを根幹に据えた森里海による〝日本新生〟の道を考え、大分県日田から森と海が共に生きる今日的意義を全国に発信しよう。

シンポジウムが開催された二〇一一年六月二五日は、東日本大震災から三カ月半が経過し、森は海の恋人運動の蘇りに大きな関心が持たれていたことも関係し、三五〇名収容の日田市民文化会館パトリア日田小ホールは参加者であふれ、会場に入れなかった人々は一〇〇名を超えました。当初、パネリストとして参加予定だった平方宣清さんは緊急の用事で参加できなくなりましたが、代わって出席いただいた長崎県・小長井町の漁師・松永友則さんは、日田の流域の森を「二〇〇カイリの森」として、林業の振興や森の生態系の保全を進められている人々の存在を知り、感動されました。また、大分市の日本文理大学から学生六〇名とともに参加された入試部長の菅節子さんは、当日の講演内容や学生の感想などをまとめて、関連機関に配布するなど、いくつものその後につながる流れが生み出されました。

第三回有明海再生シンポジウム

久留米市に本拠を置くＮＰＯ法人筑後川流域連携倶楽部は、三分の一に及ぶ飲料水を筑後川に依存している福岡都市圏を〝筑後川流域〟と位置づけ、市民の筑後川への関心を高める取り組みを進めておられます。しばしば深刻な渇水に悩んでいた福岡都市圏では、その問題の解消のために筑後大堰を（河口点から二三キロ上流の久留米市に）設置し、大量の水が導水管で福岡都市圏に回されるようになってしまいました。

その水は、本来は有明海に流れて、そこに棲む無数の生きものたちの命を育み、それらを対象に生業を営む多くの漁業者の暮らしを支え、さらにそれらの海の恵みをいただく市民の食生活を豊かにする源です。一体、この海に生きる生きものたちは、このような大都市圏の都合をどのように思っているのでしょうか。有明海を代表する魚・ムツゴロウの気持ちになって有明海の命の源・筑後川から大量に取水することの意味を考えようと、二〇一二年五月一〇日、福岡市において第三回有明海再生シンポジウムを開催しました（写真11）。

第三回シンポジウムのタイトルは「干潟を再生する――福岡市民は〝ムツゴロウ〟とおとなりさん」としました。筑後川や日田の森は、その水に支えられてきた有明海のムツゴロウと同様に、今では福岡市民にとっても命の源であることを考えよう、との問題提起です。ムツゴロウの〝犠牲〟の上に成り立つ都市の暮らしの意味を考え直そうとの問題提起です。

ポスターの企画の趣旨には以下のように記載されています。

豊かな生態系を育む〝宝の海〟有明海。しかし、近年私たち人間の活動によって〝瀕死の海〟へと変わってきています。有明海の命の源は筑後川、そしてその水源の森であり、実は私たち福岡市民の生活もこれらの生態系に大きく依存しています。森と海をつなぐ干潟や湿地に焦点をあて、日本が進むべき〝森里海連環〟の道を考えるきっかけになればと思います。

本シンポジウムは、新たなつながりの生まれた福岡市の諸団体を中心に生み出した有明海再生シンポジウム福岡実行委員会とNPO法人森は海の恋人の共催で開催されました。畠山重篤さんによる基調講演「津波の海に生きて——蘇るカキ」に続いて、気仙沼舞根《もうね》湾調査グループの横山勝英さん（首都大学東京）、益田玲爾さん（京都大学）による基調報告「蘇る気仙沼舞根湾」、並びに田中克（京都大学名誉教授）による講演「運命を共にする福岡市民と〝ムツゴロウ〟」が行われました。これらの報告をもとに、畠山信さん（NPO法人森は海の恋人副理事長）、吉永郁生さん（京都大学、現鳥取環境大学）、平方宣清さん（潜水漁師）が加わり、汽水・湿地・干潟をめぐる討論が行われました。シンポジウム開催日は平日であったにもかかわらず、二五〇名前後の市民が集まり、ムツゴロウの気持ちに近づくひとときになりました。

写真11　森里海連環による有明海再生第３回シンポジウムのポスター

第四回有明海再生シンポジウム

二〇一〇年一〇月に開催した第一回有明海再生講演会をきっかけに、さいふや旅館に集まる市民や漁民の間には、二〇一一年の日田市で大きく盛り上がった第二回シンポジウム、さらには二〇一二年の福岡市で〝ムツゴロウの気持ちになって〟筑後川の存在と干潟を考える第三回シンポジウムを積み重ね、有明海再生へのより継続的で主体的な取り組みの母体を立ち上げる気運が醸成されていきました。それまでは、対外的に必要な際には、便宜的に有明海準特産種のミドリシャミセンガイの地方名を取って名付けた「メカジャ倶楽部」が使われてきました。もう一つの大きな背景として、三井物産環境基金の助成研究を支援する中で、より組織的に関われる公式の団体の立ち上げの必要性が自然と浮上してきました。二〇一二年秋には、次年度のシンポジウムの企画や干潟再生実験の進め方などを考える中で、地域に根差したNPO法人(特定非営利活動法人)の立ち上げが具体化することになりました。

議論を重ねる中で、森里海連環による有明海の再生を基本に、水の郷である柳川市にふさわしい水辺環境としての掘割の環境教育をも視野に入れた、より体系的な取り組みを進める母体として、NPO法人の立ち上げが二〇一二年一〇月ごろから浮上しました。この間の取り組みの中で少しずつ有明海の再生を願う漁業者、有明海漁業協同組合並びに福岡県水産振興課とのつながりが生まれ、筑後川水系の矢部川河口域の泥干潟をモデルに、干潟再生実験の立ち上げの機運が盛り上がりました。この新たな干潟再生実験のフィールドの確保を通じて、福岡県漁連などとの交渉に当たられたのが、一二月に福岡県に申請を行ったNPO法人「SPERA森里海・時代を拓く」の代表(理事長)内山里美さんでした。女性のしなやかさ、粘り強さ、楽天性などの特色を存分に発揮されて、県や漁連から指摘される問題点を次々とクリアし、最終的に矢部川河口域の泥干潟において、カキ殻並びにキレートマリンを使用した干潟再生実験を四区画(一〇×一〇メートル)で実施する道が開けました。

この新たな干潟再生実験立ち上げの準備を進めながら、第四回有明海再生シンポジウム(写真12)の諸準備が進められました。まず、開催地を筑後川流域の中核都市である久留米市にし、企画の趣旨を以下のように定め

写真12　森里海連環による有明海再生
第４回シンポジウムのポスター

ました。

異変の海から瀕死の海に至った有明海、かつての有明海を代表するウナギだけなく、アサリまでもが絶滅の道を辿っています。この秋には諫早湾の開門調査が始まる一方、津波の直撃を受けた三陸沿岸では岸辺に巨大な防潮堤が張り巡らされ、悲劇の海となった〝諫早湾化〟が進められようとしています。この深刻な課題を解決する道は、森と海のつながりを見直し、私たちの日々の暮らしを『次世代のため』に改めていくことだと思われます。この〝心の森造り〟を皆さんと一緒に考え、有明海の再生に向けて小さな行動から始めるきっかけになればと願っています。

シンポジウムの内容は、第2章に詳しく紹介されています。本シンポジウムには、地元柳川市の福岡県立伝習館高校の生物部の生徒さんたちが参加してくれました。そのことをきっかけに、その後、伝習館高等学校では有明海やそこに暮らす生きものたちに関する特別講義が開催され、さらに生まれて初めての干潟体験などの取り組みへと続くことになりました。また、矢部川河口域に加えて、大牟田市沖の干潟でもカキ殻などを用いた干潟再生実験を行う機運も、このシンポジウムを通じて生まれました。

第2章

陸の森と海の森を心の森がつなぐ

第四回有明海再生シンポジウム報告

1

有明海再生への展望

田中　克

二〇一〇年一二月に福岡高等裁判所は、諫早湾の環境を改善するために潮受け堤防の東西二カ所の水門を開けて、海水の循環を促し、また、湾奥部の岸辺に干潟環境が蘇る可能性などを調べる開門調査を、五年間にわたって実施する判決を下しました。時の政府もその判決を受け入れ、多くの漁業関係者はこれで諫早湾の再生の道が開けると歓喜しました。しかし、その後の政府はこの判決に従って早期に開門調査を実施することなく、時間が無為に経過していきました。そのような中で、長崎県は福岡高等裁判所の判決を遵守する必要はないとの〝暴論〟を持ち込み、二〇一三年一一月には、長崎地方裁判所は開門差し止めという、上級裁判所の判決とは正反対の判決を下す事態に至りました。国の無責任な対応の上に、司法を巻き込んで混乱がいっそう深まり、諫早湾と有明海の再生は混迷の極に至っています。

有明海にはタイラギ、ウミタケ、アゲマキ、アカガイ、サルボウガイ、ハイガイなど多様な貝類が生息し、漁業資源として重要な対象となるとともに、有明海の物質循環を健全に維持する重要な役割を担ってきました。しかし、アサリに代表されるように、一九八〇年代における最大九万トン前後の漁獲量は一九九〇年代の終わりには数千トンにまで減少し、最近では、人と海の関わりの文化とも言える春の風物詩・潮干狩りさえ断念せざるを得ないほど深刻な事態に至っています。一体、この海に再生の可能性は残されているのでしょうか？

その答えは、ひとえに人間の在り方に関わっていると言えます。

この間、有明海の河口域や干潟の生きものたちを研究し観察し続けてきた私たちは、海の生きものたちはたくましい生命力を持ち、環境さえ整えば、蘇るに違いないと確信しています。あの巨大な津波の直撃を受け、壊滅的な打撃を受けた東北三陸の海で、人間社会の復興が一向に進まない中、私たちの予想をはるかに超えて素早く蘇るアサリや稚魚たちのたくましさに光明を見出すことができます。それは、巨大地震と津波が、人間が壊し続けた沿岸環境を昔の姿に戻してくれた結果でもあるのです。ここに有明海再生のヒントがあると言えます。

経済成長最優先のもとに、沿岸環境を半世紀以上にわたって壊し続けてきた結果生じた瀕死の海を、ただちに元に戻す特効薬はありません。壊したのに匹敵する時間をかけないことには元に戻らないことを肝に銘じる必要があるでしょう。同じく二〇世紀の後半に開発が進み、著しく水辺環境が悪化し生物が減少した琵琶湖を抱える滋賀県では、二一世紀に入り二〇五〇年を目標に、一〇年ごとに再生計画を見直しながら、多くの固有種が健在であった一九七〇年代以前の琵琶湖に戻す「マザーレイク21計画」が進められています。それは、〝森の時間〟で私たちの〝心の森〟を育んでいく道に通じるものとだと思われます。

▽有明海再生への道　戦略的視点

(1) 有明海問題を〝全国区〟に高める

かつての有明海は「宝の海」と呼ばれるほど、我が国で最も漁業生産（生物生産）が豊かな海であり、同時に、多くの特産種や準特産種を育む生物多様性にこの上なく恵まれた掛け替えのない海でもありました。これまで、両者は別の問題であり、まず急速に漁業資源が減少する側面にのみに焦点が当てられ、調査研究への手

写真13　九州最大で「筑紫次郎」との異名を持つ筑後川が筑紫平野を悠然と流れる（駄田井正氏提供）

当と大量の砂を撒き続けるなど対症療法的漁場改善策が行われてきました。しかし、私たちのこの海での三十数年にわたる調査研究を通じて、この海の豊かな漁業生産性と生物多様性をもたらす源は同じであることが明らかにされつつあります。それは、九州最大の河川であり、汽水と濁りの海としての有明海の命の源である筑後川（写真13）の存在と深く結びついているのです。

熊本・福岡・佐賀・長崎の四県に囲まれたこの閉鎖性の高い海には、この間いくつもの環境改変事業などが集中し、我が国で最も典型的に異変の海から瀕死の海へと変貌した有明海を再生に向かわせることは、日本全体の沿岸環境と沿岸漁業の再生にとって、まさに〝試金石〟であると言えます。瀕死の海へと転落した有明海を再生に向かわせることは、我が国の沿岸再生にとって決定的に重要であり、大きな転換をもたらすことになると考えられます。

二〇一一年三月一一日に巨大地震と津波が直撃し、沿岸環境と漁業・養殖業に壊滅的な被害をもたらした東北太平洋沿岸域、とりわけ三陸沿岸域が新たに再生の試金石に加わりました。この三陸沿岸の海では、地震によって蘇りつつある干潟や湿地の保全が、極めて重要な課題であることが明らかにされつつあります。有明海と三陸の海の再生を連携させ、海とともに生きる我が国の未来にとって、有明海再生は欠かすことのできない国家的課題であると位置づけ、国民的関心を巻き起こすことが求められます。そうした世論の喚起なしに、この混迷の海を救済する道はないと言えるでしょう。

（2）有明海全体を見渡し瀕死の海の本質を見極める

有明海を瀕死の海に至らしめた構造的原因は多様ですが、最も主要なものとして、諫早湾潮受け堤防の設置と広大な泥干潟の埋め立て、筑後大堰の設置による大量の取水を続けていること、筑後川河川敷から大量の砂利を半世紀にわたり採取し続けたこと（図4）の三点をあげることができます。これら三点は、個別の問題であり相互につながりはないのでしょうか。

問題の解決には、その根底に流れる本質を見極める必要があります。この間、全国的に展開が進んでいる社会運動「森は海の恋人」並びにその科学的根拠を支える新たな統合学問「森里海連環学」は、これらの原因に共通する根本問題は、人間の暮らしや産業活動による森と海のつながりの分断にほかならないことを示しています。諫早湾の閉め切りはその最たるものと言えますが、筑後大堰の設置による大量の水とその中に含まれる栄養塩類や微量元素をバイパスにより福岡都市圏に回すことも、有明海と筑後川上流の日田の森のつながりの分断にほかなりません。さらに、陸上のインフラ整備のコンクリート構造物を造るために、大量の川砂を筑後川の河川敷から半世紀にわたり採取し続けたことも、本来はそれらの大半は有明海に流れ、生きた存在としての干潟の更新を進め、多くの底生動物の生息を可能にしてきたことを考えると、森と海のつながりの分断そのものと言えます。

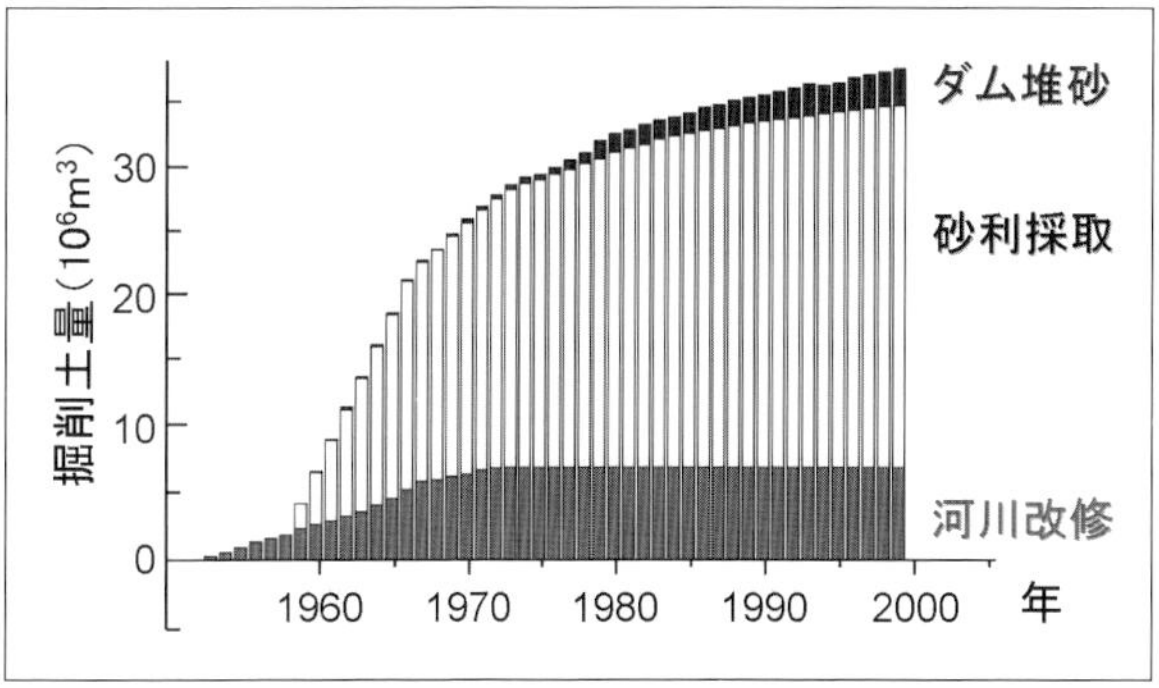

図４　20世紀後半の50年間に筑後川河川敷から持ち出された砂利の量（横山勝英氏作成）

森と海の分断に関しては、このような特定地域の大規模な構造的改変に限らず、有明海沿岸のほとんど全域において、自然海岸は消失し、広域的に陸（森）と海のつながりが分断され続けてきているのです。森と海のつながりの分断、それを進めてきた〝里〟に住む人々（私たち自身）の価値観や環境意識がそのことに深く関わっています。〝砂漠化〟した私たちの心に木を植えて潤いのある〝オアシス〟に変えていくことが、その解決の本筋と考えられます。

(3) 流域の環境意識の変革——有明海は誰のものか

有明海は、直接的には豊かな海の恵みで生計を立てる漁業者に最も深く関わることは言うまでもありませんが、その海の幸を日々の暮らしの中で食材として享受する多くの人々がいなければ漁業は成り立ちませんので、海は庶民の暮らしに直結する存在でもあります。また、海は潮干狩りや魚釣りなどのレクリエーション機能、環境教育のフィールド機能、二酸化炭素の吸収による地球温暖化防止機能、気温の寒暖緩和機能、水質浄化機能など極めて多面的な公益的役割を果たしています。このことは、海は広く国民の共通財産であり、その再生には海で暮らす漁業者と国民、とりわけ漁業者と流域の住民との協力なしには実現しないと言えます。私たちは、有明海の再生には、その命の源と位置づけられる筑後川の流域に暮らす人々（その恩恵を受けている福岡都市圏の人々も含めて）の環境意識が重要なカギを握っている、との考えを基本に取り組みを進めています。

このような考えのもと、森里海のつながりによる有明海再生シンポジウムを二〇一〇年の柳川市を皮切りに、二〇一一年には筑後川中流域の日田市、二〇一二年には筑後川の水に大きく依存している福岡市、そして本年は久留米市で開催することになりました。これらのシンポジウムの開催を契機に、漁業者・市民・研究者の連携による干潟再生実験や水際環境再生に関わる環境教育を目指した特定非営利活動法人「ＳＰＥＲＡ森里海・時代を拓く」が誕生するなど、人の輪とそれをさらに広げる拠点の形成が進みつつあります。

▽有明海再生への戦術　対立の構図を解きほぐす

〔1〕農業と漁業の対立構造の解消

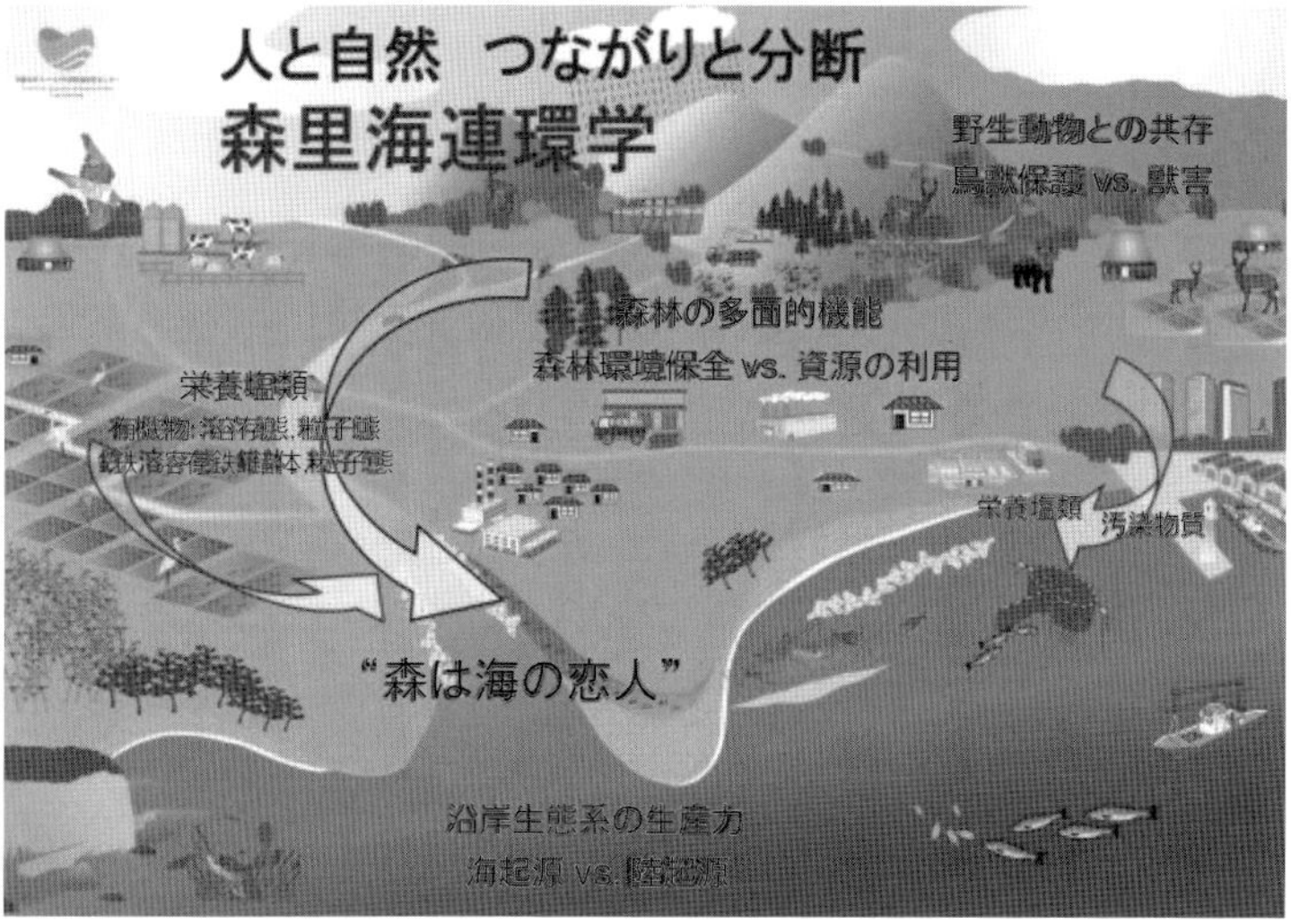

図５　森里海の多様なつながりを示す模式図。森で涵養された水は農地の作物を育て，海に流れて植物を育む
(京都大学フィールド科学教育研究センター作成)

諫早湾を閉め切る潮受け堤防の水門開放調査の見通しが一向に立たないばかりか、一層深刻化する現状の背景には、農業と漁業の対立があるかのように報じられています。潮受け堤防の開門により海水が流入すれば、塩害により、干潟を埋め立てて造成した干拓農地で三年前から始まった営農に支障をきたすとの理由により、農業者は開門反対といわれています。しかし、本来、農業と漁業はいずれも水に依拠した営みであり(図5)、その水を涵養する森の存在や林業の在り方に深く関わる産業なのです。豊かな森から生み出される鉄分などの微量元素や栄養塩類を豊富に含んだ水は農作物にとって不可欠な存在であると同時に、海に流れて植物プランクトン、海藻、海草などの海の植物を育むことになるのです。つまり、農業と漁業は同じ森の恵みによって生かされる〝兄弟〟の関係にあると言えます。兄弟げんかをあおって、問題の本質的な解決を妨げているのは一体誰なのでしょうか。そのことを理由に解決を怠るのが農林水産省であるなら、本末転倒と言わなければなりません。

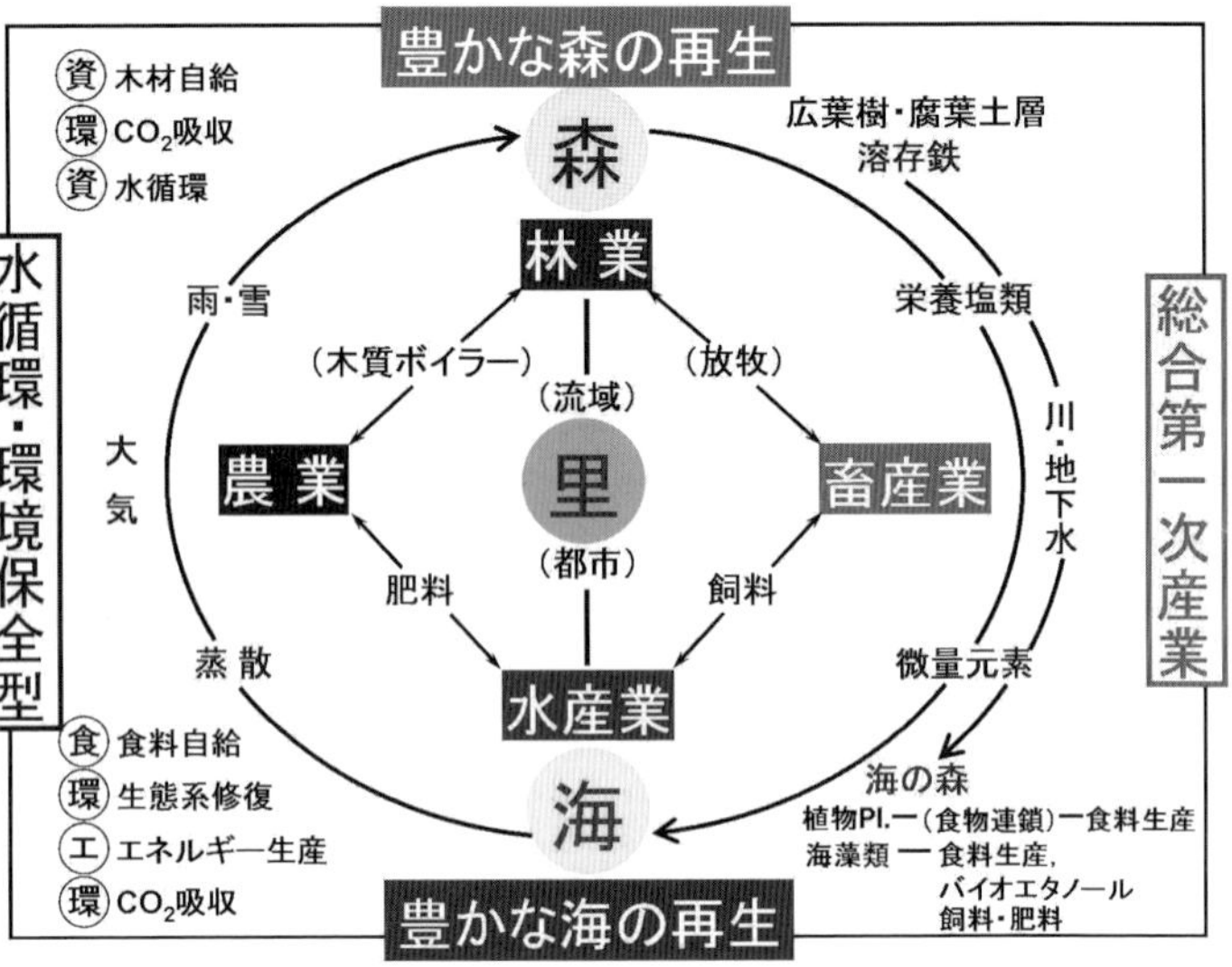

図６　森里海連環に基づく第一次産業間のつながりとそれに依拠した「総合農林漁業」の提案（田中克作成）

今、農林漁業は政府のＴＰＰへの参加決定により、一層厳しい時代を迎えることが懸念されていますが、今こそ、「森は海の恋人／森里海連環」の考えに基づいて、食料の自給をも見据えた今後の方向を見直し、見定めることが求められます。本来の在り方である相互に補完し連携する「総合農林漁業」（図６）を目指すことにより、より持続循環的で環境親和的な産業に高めることが可能になり、日本ならではの安全で安心な農水産物を生み出し、両者が共存共栄できることになると考えられます。ここに、諫早湾開門をめぐる混迷を乗り越えて、我が国農林漁業の行く末を切り開く道があると言えます。

（2）漁船漁業とノリ養殖業の対立を乗り越えて

かつて限りなく豊かなであった有明海では、近年、魚類、貝類、甲殻類、軟体動物など多様な生きものを対象とした漁船漁業が、大規模な赤潮や貧酸素水塊などの発生により衰退の一途を辿り、この一、二年は瀕死の海で独り勝ち的に生き残ったビゼンクラゲにその活路を見出すしか生きる道がないほどに、深刻な状況に至っています。

有明海は今、生産金額の上で圧倒的に高い割合を占めるノリ養殖業に特化した海へと変貌しつつあります。漁船漁業の衰退は、ノリの病気の発生を抑えるために使用する酸に最大の原因があるとして、不幸なことに漁船漁業者とノリ養殖業者の間に深刻な対立の構図が出来上がってしまっています。この漁業関係者同士の対立を乗り越えて、共に海に生きる仲間として、次世代のために有明海を再生に向かわせる連携の輪を作らない限り、国民の応援は期待するべくもなく、有明海問題を全国区（全国的な国民的課題）にすることも不可能と言えます。

（3）アサリが棲めない海にノリ養殖の未来はない

豊かな森が豊かな水を育み、海の生物生産を育むとの考えからは、自然の仕組みの中で生きものを無限に育む自然基盤を整えることが最も基本的なことであり、特定の産物のために海に過剰の酸や肥料を投入することは、生態系のバランスを崩す原因となり、決して推奨されることではありません。このまま続ければ、今後の持続的なノリ養殖業にとっても致命傷になりかねないと言えます。アサリが棲めない海に、ノリ養殖の未来はありません。それは、アサリなど多様な生きものが海底に棲めない海では、ノリ養殖にとっても欠かすことのできない海の物質循環が健全に回らないからです。

アサリに代表される二枚貝類は、植物プランクトンを餌として体に取り込み、その数を調整し、ノリ養殖にとって不可欠な栄養塩類が一方的に植物プランクトンに流れることを調整してくれているのです。また、植物プランクトンを体内で代謝して自らの体にするとともに、水中に栄養塩類を戻す役割も担っています。アサリが棲めない海底環境には過剰の栄養塩類が溜まり続け、海水中の栄養塩類を減少させている現状を改善することは、ノリ養殖業の未来にとって欠かせないことであり、ここに漁船漁業者とノリ養殖業者が対立を乗り越えて、有明海再生に手を携える必要と根拠があると言えます。

さらに基本的な問題として、アサリはカキやタイラギなど他の多くの貝類と同様に、森に涵養された水の恵みを受ける（森からもたらされる栄養塩類や微量元素によって増殖する植物プランクトンに依存する）生きものなのです。そして、海藻としてのノリも、アサリと同様に、森の恵みを受ける（森や陸域からもたらされる栄養塩類

・微量元素に依存する）生きものなのです。農業と漁業が兄弟であるように、アサリもノリも森という共通の〝おふくろ〟に見守られる〝兄弟〟なのです。兄弟が助け合う関係を回復することが、有明海再生にとって不可欠の道であることは自明の理です。

▽有明海の再生に向けて　できることから始めよう

(1) 有明海の豊かさの根拠は森里海連環

一度壊した自然環境を元に戻すことは並大抵のことではありません。それは次世代目線で長期的に取り組むべき課題であり、そのためにはゆるぎない理念が必要となります。有明海は雲仙岳、多良山系、脊振山系、九重山系、阿蘇山系などの山々に囲まれ、九州最大の河川である筑後川が湾奥に流入する自然条件は、まさに森里海連環の世界そのものと言えます。我が国では、この海でしか見られない多くの特産種を育み、生きものあふれる限りなく豊かな有明海の源は、〝心臓機能〟を担う筑後川の存在と、〝腎臓・肺機能〟を担う干潟の存在に深く関わっていると言えます。

心臓機能については、有明海最大の特徴である濁りを生み出す、筑後川河口域におけるその生成メカニズムを、バクテリアから魚までを結びつけて詳しく解明する必要があります。森と海のつながりのカギを握る河口域の生きものを育むメカニズムを明らかにし、有明海が患っている心臓病がどの程度重症かを正しく診断し、流域に住む人々の英知を集めて治療することが、有明海における森里海連環の中心課題と考えられます。

(2) 干潟再生に有明海の突破口を開く

一方、腎臓・肺機能を担う干潟に関しては、実験的にその再生の可能性を試行錯誤的（順応管理的）に試すこ

写真14　柳川市矢部川河口域の軟泥干潟で汗と泥にまみれて再生実験に取り組む

とが緊急性の高い課題と言えます。理念の普及には時間がかかりますので、その理念に根差した技術の開発を、漁業者、市民、研究者、行政など多様な関係者の協力のもとに行い、干潟再生の可能性を各地で探ることが求められます。有明海には回復の力が残っていることを信じて、共通の目的に向かって〝干潟で泥まみれ〟になりながら汗を流すことにより（写真14）、本道としての理念が次第に浸透し、深まっていくものと思われます。この間、干潟で汗を流すこととシンポジウム、講演会、勉強会などを通じて頭を柔軟にすることの組み合わせを基本に、三井物産環境基金の助成のもとに、有明海再生の取り組みが進められてきました。

（3）未来を開く特定非営利活動法人（NPO）の役割

干潟の再生を、森と海のつながりの産物であるカキ殻や森の腐植土層で生み出される溶存鉄などを試験的に添加し、アサリなどの有用生物の生息を可能にするゴカイの仲間、貝の仲間、エビ・カニの仲間など、縁の下の力持ち的ないろいろな生きものがまず暮らせる環境を再生することが最も重要なのです。

このような取り組みは、研究者のみでできるものではありません。漁業者や市民、さらに行政に関わる皆さんと連携して取り組むことが不可欠なのです。また、次代を担う子どもたちの参加も非常に重要と思われます。

広い意味での水辺環境の再生を通じて、私たちの心に森を育てるNPO法人の誕生が期待されていました。二〇一〇年秋に始まった有明海再生へのシンポジウム活動やそれをきっかけに始まった佐賀県太良町での干潟再生実験などを通じて、柳川市に新たにNPO法人「SPERA森里海・時代を拓く」が二〇一三年三月に発足しました。

それまでの太良町での取り組みに加えて、二〇一三年七月より福岡県柳川市において

写真15　柳川市矢部川河口域の軟泥干潟で再生実験に取り組む市民，漁師，研究者

も、干潟再生実験が始まっています（写真15）。このことを通じて人の輪が連鎖的に広がり、続く世代に再生へ向かう有明海を残す取り組みが生まれています。

有明海の再生は、自然豊かな九州が、今後持続的に自然環境を保全しながら自然と協調する社会を生み出して地域経済を循環させるうえで、その柱になる重要な課題であると考えられます。瀕死の海・有明海をそのまま放置して〝自然豊かな九州〟を売り出すことは、看板に偽りありと見なされるではないでしょうか。九州の将来にとってカギを握るのは有明海である、との位置づけが必要と思われます。

有明海の再生は一朝一夕に実現できるものではありませんが、今後、各地に生まれているＮＰＯ法人などをつなぎ合わせ、その輪を広げ、有明海の再生への道を切り開くことができればと願っています。

日本の沿岸漁業と沿岸環境を再生する突破口を有明海から開き、ここまで瀕死の状態に追い込んだ私たちの責任において、続く世代に「宝の海」へと回復する有明海を贈り届けたいものです。それは、今を生きる私たちの責務と言えます。

2
山の森、海の森、心の森

畠山重篤

▽津波の海に生きる

本職の先生方を差し置きまして、私が基調講演ということに今日なってしまいました。田中先生からカウンター・パンチをいただきまして、まずはありがとうございました。

私は宮城県の気仙沼湾で、牡蠣とかホタテ貝の養殖業を生業とする一漁師です。一〇年前に、我が家に京都大学から林学の先生と、河川と海との関係を研究されている田中先生、河川生態学と言いますが、それから海の水産の先生の三人が来られました。京都大学は野外実験フィールドを持っており、農学部の林学は演習林を全国にたくさん持っていますね。それから農学は畑・田圃を、水産は海を持っています。また、理学部も和歌山に海のフィールドを持っています。そういうフィールドを持っている学部が大同団結しまして、京都大学フィールド科学教育研究センターを立ち上げ、森里海連環学という世界で初めての新しい学問を創ることになったのです。そのことを手伝ってもらえないかという話があり、それから京都大学とのお付き合いが続きました。

それでいろいろ楽しいことやら、あるいは夏休みには学生さんがわざわざ京都から気仙沼に来られたりしまして、そういう学生さんの初めて本物の自然に触れて心が躍動するような体験（写真16）を続けて、ああ大分良

写真16　京都大学の多様な学部の新入生が参加する気仙沼での少人数セミナーで，森海のつながりを説明する畠山重篤氏（松永智子氏撮影）

くなってきたなと思っていたところに、二年前の大震災が起こってしまったわけです。

話を進める前に、大震災の被害に対しまして、皆様から様々な形でご支援をいただきましたことに心から感謝を申し上げます。

今、被災地は懸命に復興に向けて努力をしている真っ最中ですけれども、なにしろあまりにもでかい災害でしたので、そう簡単でないことは皆様の想像に余りあるものがあります。しかし、そのような中で海は、思ったよりも早く、生きものが育つ環境が復活しております。

我が家も、家だけは高い所にありましたので残ったのですが、その他の物は、船から筏《いかだ》から、いろいろな作業をする建物とか水産加工場とか、陸の物は全部流されてしまいました。本当に途方に暮れて、我が人生もこれで終わりかというふうな気持ちになったのですが、ただ希望は捨てませんでした。

養殖業と言いましても、牡蠣の養殖は餌・肥料を一切やらなくてよいということです。筏を浮かべるのはそう難しいことではありませんので、牡蠣の餌となる植物プランクトンがちゃんと発生してくれれば、何とかなるのではないかという気持ちは持っておりました。

しかし、毎日海を見ていたのですが、海辺から生きものの姿が本当に消えてしまいました。生きものの姿が消えるということは、ご存じのように海は食物連鎖でつながるものですから、植物プランクトンや海藻を育てる力が海になくなるぐらい海は壊れてしまったのではないか、というのが私の一番の心配事でした。一〇日たっても二〇日たっても、本当に海辺から生きものが姿を消してしまっておりました。

そうこうしていましたある日、田中先生から電話がありまして、やっと電話も一カ月近く経ってつながるよ

写真17　震災後の舞根湾ですくすくと育つ養殖牡蠣（益田玲爾氏撮影）

うになり、千年に一度のあんな大きな自然の大変動で海がどういうふうに変動しているか調査するチームを作ったから、調査に来たいという話をいただきました。本当にそれを待ち望んでおりました。三陸沿岸の水産試験場も大学の研究機関も、ありとあらゆるものが跡形もなくなっているわけですよ。プランクトンを顕微鏡で見たいと思っても、そんなものも全部なくなっていました。田中先生に来ていただいて、先生を急がしてですね、プランクトンネットで水中を引っ張ってプランクトンを採集し、顕微鏡で見て下さいとお願いしたら、先生がこう仰ってくれたわけです。「畠山さん、大丈夫です。牡蠣が食いきれないくらい、プランクトンがいます」って言うわけですよ。私はそれを聞いて、本当にほっとしました。

一個の牡蠣は一日に二〇〇リットルの水を吸っておりまして、水と一緒に植物プランクトンを食べて、大きくなるわけです。プランクトンさえいれば、いわゆる牡蠣の種を、筏にぶら下げておけば自然に大きくなります（写真17）ので、餌や肥料などは一切要らないわけです。ですからコストが他の商売に比べて比較的安く、そこにやりやすさがあるわけですね。我が家は親父の代からそういう商売をしておりまして、私が二代目で、三代目を息子たちが継いでおります。四代目を継ぐべく孫も、お父さんの後を継いで牡蠣養殖をやりたいという話をしておりましたので、私はおじいちゃん役でしめしめと思ってほくそ笑んでいたわけですね。孫が後を継げば、ちっぽけな家業ですが、一〇〇年続くわけですね。今時、一〇〇年続く家業ってそうはないじゃないですか。

しかし、そういうものがあの大震災によって一切壊れてしまって、希望が失われたわけですが、牡蠣の餌になる植物プランクトンがいっぱいいるということが確かめられました。それで、瓦礫が片付くのを待って、お盆過ぎからボランティアの方々をはじめとするたくさんの方々に手伝ってもらって、山へ行って木を伐って、うちでは杉の間伐材を使うのですが、それを海辺まで運んでもらって、釘を打って筏を作りました。

問題は牡蠣の種ですね。農家と同じように養殖するには種が要ります。その種は、宮城県石巻の北上川河口にある万石浦《まんごくうら》という大きな内湾から持ってきました。ここは伊達政宗の時代に、そこを干拓すれば一万石の米が採れるというので万石浦と名前を付けたぐらいの広さがあります。入り口が狭くて奥が深く、津波が入ってきても波が中で分散されたものですから、心配したほど被害が出ませんでした。ここには湾の奥に杭を打って作る牡蠣棚というのがあるのですが、その上に乗せた種が残っていたわけですね。それを仕入れることができまして、筏ができると同時に、またボランティアの方々に手伝ってもらって、海に下げる作業が始まりました。

実は私は、五二年前にチリ地震津波を体験しているわけです。高校二年生のときでした。ご記憶の方もあるかもしれませんけど、南米チリで有史以来の地震といわれるような巨大地震が起こりまして、当時はまだ、太平洋の向こう側で地震が起きてそれが日本にまで届くというような考えは、研究者の間でも論戦が続いていたらしいのです。しかし、それが来てしまったのです。うちの親父がその後述懐していたことなのですが、気仙沼では亡くなった方はいなかったのですが、北隣の大船渡《おおふなと》と今回も大きな被害を受けました南三陸町の志津川《しづ》では亡くなった方が五〇人ずつくらいいるから大きな声では言えないことだけれども、「津波の後って、実は牡蠣の育ちが普段の倍くらい良い」という話を、私は親父から聞かされていたのをなんとなく思い出していたわけですね。

だから、プランクトンさえちゃんと増えていれば牡蠣の成長がいいだろうということは、大体は予想していたわけですが、まあ、しかしやってみなければ分かりません。それで、お正月を何とか越して一月になりましたら、うちの息子がこんなことを言い出すんですね。「親父、牡蠣の養殖筏が沈みそうだ」。なんだか知らないけど牡蠣がどんどん大きくなって、筏が沈みそうだというわけなんですね。

じゃあ、ちょっと揚げてみろということで揚げてみたら、殻はそれほど大きくないんですが、中身がすごいんですよ。ああやっぱり、食いきれないくらいプランクトンがいたというのは本当だなと思ったわけですね。

で、蓋をあけて中身を取りますね。じゃあそれをもう一回蓋の中に戻そうと思うと、蓋が閉まらないくらい本当にピンポン玉みたいな身が入っているわけですよね。

じゃあということで、私たちは東京の築地の魚市場が取引相手なものですから、電話したら、三陸の牡蠣が全滅していて広島しかないので、あの年は牡蠣の値段が高騰していたわけで、とにかく牡蠣ができたら送ってくれ、という話が築地の魚市場からありました。漁夫の利という言葉がありますけど、文字通り漁夫の利ですよね。片方が駄目なら片方が良い、そういう構図があるわけですよね。

それで、でも、牡蠣をすぐには売らないことにしました。私たちの舞根《もうね》湾という小さな入り江ですけど、五二軒家がある中で、四四軒流れてしまいましたから、もうほとんどの方が仮設住宅に住んでいるんですね。だから、とにかく仮設に住んでいる人たちに牡蠣を一回全部配れということで、二キロくらいずつ牡蠣のむき身を作って、それを一軒一軒に全部配りました。皆、こんなに早く海が復活したのかということで、本当に涙を流して喜んでくれました。やっぱり海が良いということは、そういう力になるということですよね。やっぱり海でずっと生きてきた人間にとりましては、そんなにも早く牡蠣が採れるようになるというふうなことは想像していなかったようです。

それから、ホタテガイという貝が北の海にいるのですが、宮城県が南限なんです。ホタテといえば青森とか北海道の貝のイメージですが、実はこの貝は私が五〇年前の一九歳のときに、水産高校を卒業した翌年から、ホタテガイを南限に近い宮城県の海で育てられないかということを自分でチャレンジして、四、五年掛かって宮城県の海で養殖を成功させせました。

それ以来、ずっとホタテとの付き合いがあるのですが、この種は北海道の日本海側から仕入れるんですね。津波の年の一一月に北海道からホタテの種を、筏ができましたので、もうそれを仕入れておりました。一一月に仕入れたのを一年かけて育てて、だいたい秋口から売り出すのです。

しかし、牡蠣が三月頃までかかってある程度水揚げが始まりましたら、今度は四月になったらまたうちの息子が「親父、ホタテの筏が沈みそうだ」と言うわけですよ。四月でもう秋口の大きさになっているわけですね。それで、四月からホタテの注文が殺到しまして、ホタテの水揚げがフル回転で、お盆までに全部水揚げしてしまいました。

だから、津波の翌年には、海があっという間に一回転してしまったわけですよ。海って本当にすごいものだなあ、ということを改めて感じました。三陸は津波の常襲地帯なので、今回、もちろん齢をとって跡取りがいないために、そういう仕事から離れた人も多いのですが、やっぱりみんな海と生きていこうとしているわけですね。それは結局、目の前の海が豊かだからだということを改めて今回痛感致しましたね。

▽縦割り行政と大学

じゃあ、それはなぜかということですよね。実は三〇年前に、目の前の海がこの有明海と同じように瀕死の海になりまして、そのことを境に海から足を洗った人たちもいっぱいいました。しかし、私たちはやっぱり海が好きだし生きものが好きなもんですから、まあ赤潮まみれになって本当にいろんな問題が出てきて大変だったのですが、なんとか赤潮の海をもう一回青い海に取り戻したいということで、ある運動を始めました。

海が汚れる原因は、私たちの場合は太平洋側ですから、太平洋の方から来るわけではなくて、背景の人間の側からそういう問題が来るということは、だいたい予想がつきますよね。でも、それまで私たち漁師はどちらかというと海ばかり見ていたわけですね。気仙沼は遠洋漁業の基地でもあり、〝太平洋銀行〟という言葉を使うんですよ。太平洋にさえ行けば、何とかなるということですね。だから普通はこの背景を見ないわけですよね。海さえ見れば飯が食えるという状態がずっと続いておりましたから。でも、沿岸域の海はいろいろな問題が出てきて、じゃあそういう海を少しでも良くするには、背景を良くしなくてはいけないということで、私は生まれて初めて、河口から背景の山まで自分の足で歩いてみました。

すると、そこには文字通り人間模様が横たわっているわけですね。気仙沼の水産高校は、湾に流れ込む大川の河口にありまして、私が高校に通っていた頃は、干潟がずっとあって、春先になりますとアサリがいっぱい採れ、海苔の養殖が盛んなところでした。しかし、いつの間にか干潟は全部埋め立てられて、水産の加工場がたくさんできて、当時はまだ排水の規制もなかったものですから、いろんな汚い水がどんどん流れてきました。

それから川を遡っていくと、農業ですよね。田圃がありますよね。うちのお袋は農家の出身ですから、私は子どもの頃、田植えの手伝いなんかにもよく行きましたけれど、私が訪れていた頃の田圃は本当に生きものであふれておりました。久々に田圃に行きましたら、田圃がシーンとしているわけですね。なんだこれは、と思って農家の人に聞いてみましたら、農薬とか除草剤を使わなければ生きものはいるんだけど、今さら手で草を刈るわけにもいかないというわけですよ。ああ、今まで〝太平洋銀行〟の方ばかり見ていたけれども、農家の方ともやっぱり話し合いをしなければいけないなということを感じました。

我が家も海苔の養殖をしていた時代もあるわけですね。海苔が伸びて、海苔を採りに行こうと思って、船で行ってみると、網だけあって海苔が消えてしまっていたことが、度々起こるようになったわけです。雨上がりに海苔が網から全部消えているわけですね。普通、雨が降ったり雪が降ると、海の生きものって、海藻も牡蠣も大きく育つものなんです。それが逆だったんですね。だから、川から何かが流れているんではないかと、今思えば農薬とか除草剤とかそういう問題があったなとも感じました。

それから今度は、ダムの問題もあるということが分かりました。こんな所にダムが造られてしまっては川の水がストップして、つまり川の水の養分が海に来なければ海の生きものは育たないということは、なんとなく体感しておりましたので、大川は二級河川ですから管理する県の土木の方にちょっと聞いてみました。ここにダムを造ることで海はどうなるかという環境アセスメントはされているのですか？　と聞いたら、いや、今の日本の法律では、ダムを造るときに海の環境アセスメントは一切しなくていいんだそうですよ。河口から内側の生きものがどうなるかということだけを調べればいいそうです。これはどうも、一級河川も、今の日本の法律はそういうことになっているらしいんですよ。

こういう問題は、有明海の諫早湾潮受け堤防の問題、あの長良川河口堰の問題なんかと密接に関係しているなと、なんとなく分かりました。でも、川は海とつながっているのだから、環境アセスメントをしないのはおかしいのではないですか？　と言うと、我々にそういうことを言われても困るというわけですよ。それは他の方に言って下さいというふうな見解です。それから、山に行ってみましたら、山はご存じのように、九州もそうですけど、手入れをしていないスギの人工林が続いていますね。つまり、川の流域にはいろいろな問題が横たわっているということです。ですから、こういう問題が全部解決されないと、最終的に赤潮にまみれた海は良くならないということではないですか。これはエライことだなと思いました。

それから、私たちの所は県境ですから、河口の海は宮城県なんですが、川の上流は岩手県になるんですよ。縦割り行政の中で県をまたぐというのは大変なことなんですね。この間、両陛下が、津波の被災の現場の視察で岩手県に来られたわけですね。帰りに一ノ関という駅から新幹線に乗られたのですけれども、宮城県の気仙沼を通って一ノ関（岩手県）へ行けば平らですし、ご負担もかからないのですが、そうしなかったのです。つまり、責任をどうするかということですよね。岩手県から宮城県を通って、また岩手県となると、宮城県警も絡んでくるのです。そうしたら、帰りのコースは気仙沼を経由せずに、山の中の本当にアップダウンのひどい岩手県だけを通る国道を結局通って、一ノ関の新幹線の駅までお帰りになったわけですよ。ああ、縦割りって相変わらずこういうことだなって、本当に身につまされました。だから県をまたぐって大変なんですね。

じゃあ、水産の現場はどうなっているかということで、県の水産試験場とか水産事務所とかに相談してみましたら、我々は海のことだけしか語る権限がないということですね。まして、川の上流の岩手県の田圃とか山をどうするかなんてことは、我々は口が裂けても言えない、ということなんですよ。これでは、お役人を相手にいろいろ考えて相談しても、なかなか進展しないなということがよく分かりました。

それなら、大学はどう考えているんだと。宮城であれば東北大学ですよね。いろいろ知り合いもいますので、今までは農学部の水産学科との付き合いが多かったわけですね。水産試験場の先生方もだいたいそこの出身の方が多いじゃないですか。大学に行って聞いてみましたら、先生方はこうおっしゃるわけです。「あのな、学問の世界ってな、学者は論文を書いてなんぼの時代なんだ」と。年に何本の論文を書くかというのが学者のステータスになるという時代なんだと。その方は土壌学の土の専門の方なんですけど、俺は土壌のひとくれをずっと研究し続けてきたけれども、本当にこのひとくれを研究しただけでも分かったことはほんの少ししかない、今そういう時代に、森林があって農地があって人間の生活が横たわって、それで川があって海があるという、これをトータル的に研究しようとしたら、金と時間がどれだけあったって無理だ、と言うわけですよ。だから研究者は研究しないと言うわけですよ。研究しないたって、森から海まで自然はつながっている。じゃあ誰に聞けばいいですかと、大学の先生に聞いてみましたら、俺にそんなことを言われても困る、と言うわけですよ。こういう人が実に多いんですよ、偉い方々はですね。私はもう公務員と研究者はあてにならないと思い、とにかくしようがないから自分たちでできることを何かやってみよう、と決意しました。それが二五年前ですね。

それで何をやったかと言いますと、森と川と海はつながっていまして、上流の森はどうしても荒れておりますよね。海に出ますと山が見えますから、私たち漁師はいつも山を見ているわけですよね、昔から。自分の位置を確かめるために〝山測り〟と言いまして、山の形を見て自分が今どこにいるかっていうのを大体知るわけですね。天気予報も山を見て、大体知るわけですね。だから、海から見る自分たちの目印のような森があったらいいな、と私は中学生ぐらいから海に出ておりまして、そんなことを漠然と考えておりました。

そういうこともあり、川の上流の山が手入れをしないスギばっかりですので、雑木林を作りたいと思いました。スギ山は真っ黒ですけれども、春先になりますと落葉広葉樹のナラの木の林なんかは、萌木色にわあっと輝き、きれいですよね。海からそういうのを見るのは非常に心が和らぐものなんですよ。それから作戦的にも、山の人が山に木を植えても何のニュースにもならないけれど、漁師が山に雑木林を作るというふうなことをやったら、川の流域に住んでいる人たちがあいつら何やってるんだろうと振り向いてくれるんではないかと、最初はそんな考えで、仲間とも相談して、そういう作戦を立てて実行してみました。

▽〝文〟と〝理〟が織りなす「森は海の恋人」

ただ、事を起こすにはスローガンが要りますよね。言い出しっぺが考えろと言われ、私が最初に考えたスローガンはですね、「ワカメも牡蠣も森の恵み」っていうんですよ。うちの仲間が、分かりやすいけど色気がないと言うんですよね。何かお経みたいで暗いって言うんです。それで私はもう一回考え直しましたが、どう考えてもそういうことやったことがないものですから、言葉が出てこないわけですよ。そしたら、あることに気がついたわけですね。

私のおじさんが大川の中流域に住んでおりまして、いつも自慢していたことがあります。今は海辺の方が遠洋漁業とか養殖業が盛んになって経済的に豊かになっているけれども、一昔前は山手の方が実は豊かだったんだと。それは山には木があるし、当時は養蚕が盛んでしたから繭もある、お米はある、材木はある、屋根を葺く茅のようなものもある。圧倒的に山手の方が経済的に豊かだったわけですね。それから、海では、例えば海苔では海苔芝を使いましたから、芝って全部山の人に頼むわけですよ。竹もそうですし船もそうですね。海で使う道具は全部山の物なんですよ。だからお金は山手の方に行ってたわけですね。それから、山手の方が文化

写真18　歌人熊谷武雄の句碑「手長野に木々はあれどもたらちねの柞の影は拠るにしたしき」（気仙沼市宝鏡寺。夏池真史氏撮影）

度も高いということで、絵を描く人とか、書を嗜む人とか、歌を作る人とか山手の方に圧倒的に多いわけです。

それで気仙沼は、魚だけの町と思われているかもしれませんけども、実は歌が盛んな所なんです。短歌が盛んな所なんですよ。国文学者で落合直文という人の出身地なんですね。落合直文の愛弟子は誰だと思いますか？　与謝野晶子、鉄幹ですよ。こういう人が実は気仙沼出身なんですね。歌は昔は貴族のもので、庶民のものではありませんでしたけれども、それを明治から大正にかけて庶民のものにしなくてはいけない、つまり短歌にしなくてはいけないと、そういう橋渡しをしてくれた国文学者が落合直文という人なんですね。

そういうことで気仙沼は歌が盛んで、農民で農業をやったり林業をやったりしながら歌を作っている熊谷武雄という歌人がいたんですけれども、この人の代表歌の歌碑が宝鏡寺というお寺にあるから、それを観に行くようにといつも言われていたんですが、私はそんなことに関心がなかったものですから、また後でというふうに言ってたんですけども、「ワカメも牡蠣も森の恵み」以上の言葉が出てこないものですから、おじさんにその歌碑を観に連れて行ってくれませんかと頼んで、観に行きました。行きましたけれども、全然詠めません（写真18）。何と詠むんですかって聞いたらですね、気仙沼の背景に手長山《てながさん》という、なだらかな山があるんですね。

手長野に木々はあれどもたらちねの柞《ははそ》のかげは拠るにしたしき

たらちねとは、お母さんをよいしょする枕詞ですね。それから、有明海のキーワードとなる柞、これはナラとかクヌギの木の古語を柞と言いますよね。手長山には色々な木々があるけれども、ナラの木の林に近づくとお母さんのそばに行ったように心が安まるよな、という歌なんですよ。昔の人は、今は何の役にも立たないと思われている雑木林を、自然界の母になぞらえていたということじゃないですか。

これでコンセプトは決まりましたよね。重要なことは、コンセプトですね。これができないと、技術的なことをいくら言っても人の心はやっぱり動かないということです。だから、私はいつも言っているんですが、何か事を起こすときは必ず詩人を一人入れなさいと。それで、昔の人は自然界の母になぞらえている。こういうことも分かりましたので、熊谷武雄の孫娘にあたる今の当主で、農業と林業をしながら暮らしている龍子という方に会いに行きました。そして、何かいいスローガンを作る手助けをしてもらえませんかというふうなことで、海に来てもらったりして交流している間に、私は歌詠みですから一首の歌を作りましたということで歌ができたわけですね。これは実は今、大学の入学試験に出ている歌なんですよ。

森は海を　海は森を恋いながら　悠久よりの　愛紡ぎゆく

「ワカメも牡蠣も森の恵み」とはえらい違いなわけですね。やっぱり本職は言葉の魔術師って言いますか、やっぱり言葉を紡ぎだす人は違うなとつくづく思いました。それで、合作のようなものなんですけど、「森は海の恋人」というフレーズが生まれてきたわけですね。そこで、杵の苗を、海から見える室根山に植える第一回目の植樹祭を始めてみましたら、「森は海の恋人」という言葉が良かったんでしょうね、全国にマスコミが伝えてくれました。京都のある有名なお坊さんがすぐ電話をよこして、「畠山君、よくぞ森は海の恋人と言ってくれた」と。ですから、新幹線は来る、高速道路は来る、まあ三〇年前ですからもちろん車もやっと買う、電化製品も揃えた、でも目の前を流れる川は汚いし、有明海のアサリも本当に採れなくなってきているということで、みんな気づいたんじゃないでしょうか。思ったより全国にこういうことに関心を持つ人がいるな、ということがだんだん分かってきました。

▽とにかく動いてみる

でも、当時大学の先生方が何と言っていたと思いますか。「あいつらアホやないか」と言っていた方もいるということを聞いてもいます。でもですね、私は経験則で、行動に移さないでじっとしていたんでは何も動かないわけで、何か行動に移せば物事は動くということを、なんとなくいつも感じていたわけです。とにかく動いてみたわけですね。そうしたら、森と川と海をつなぐ科学的なメカニズムはどうなっているか、というふうなことを教えて下さる先生が目の前に現れて下さいました。北海道大学教授の松永勝彦という分析化学者です。

当時、水俣病が現れていて、チッソという会社の有機水銀が怪しまれていたわけですが、原因究明が遅れていました。当時は海水の中に含まれている水銀の量を正確に量ることができなかったわけですよね。だから比較ができなかったというのが、水俣病の原因究明が遅れたということにもなっていたようです。その中で、海水に含まれている水銀の量を世界で一番最初に量った人が松永勝彦という先生なんです。この方は立命館大学出身の分析化学者なんですけれども、北海道大学の生物の先生になります。そして北海道の沿岸をいろいろ見ておりますと、海藻とかプランクトンがいっぱい湧いて魚介類がいっぱい育っているような海は、鉄分の濃度のオーダーが全く違うということに気がついたわけですね。

鉄分というのは何かと言いますと、海の中は非常に貧血だということですね。そういうことは、私が水産高校生のときにも、それから水産試験場の先生からも鉄なんていうのは全く聞いたことがありませんでした。松永先生から聞くところによりますと、鉄は酸素と出合うと酸化してしまい、錆びて海の底に沈んでしまう。沖へ行けば行くほど、鉄分濃度はどんどん減っていって、海水一リットル中にたった一〇億分の一グラムしか鉄はないということがやっと分かったということなんですね。それは、分析化学者でアメリカのジョン・マーチンという人が発見したと聞いております。

それから、海にはHNLC海域というがあります。Hは High ですからいっぱいあるということですね。Nは Nutrient で、窒素やリンなどの栄養塩類のことを言います。Lは Low ですから低ですね。Cは Chlorophyll ですから植物プランクトンですね。つまり、窒素・リンはいっぱいあるが、さっぱりプランクトンが増えない海域がある。なぜだろうということを調べているうちに、これは海水の中に鉄分がないためにプランクトンが増殖できずに少ない海域があるということが、だんだん分かってきたんですね。

そういう目線で、牡蠣の養殖漁場を見てみますと、川の水が流れ込んでいる、淡水と海水が混じり合っている汽水域ではプランクトンがいっぱい湧いていますよね。広島湾もそうですし、有明海も大きな川が流れ込んでいますよね。これは要するに川から鉄分が流れ込んできて、それが特に植物、それから今だんだん分かってきているのは泥の中のバクテリアですね、こういうものの活性に鉄が非常に関与していると。でも海というのは酸素がいっぱいありますから、その鉄分は錆びてしまうはずだと。ところが川からは錆びない鉄が流れて来ているということが分かってきたわけですね。

それは、どういうメカニズムかと言いますと、実は森の腐葉土、葉っぱが腐った腐葉土の中にはフミン物質という成分ができるんですけれども、フミン物質の中にフルボ酸という成分があります。このフルボ酸という成分が、水に溶けた鉄、つまりイオン化した鉄にくっついて、フルボ酸鉄になってくれると海の中で鉄は錆びない。海で鉄が酸素とくっついて錆びると、鉄は植物に吸収されないんですけれども、フルボ酸鉄という形になっていると海の中で鉄は錆びずに植物が利用できる。つまり錆びない鉄が森で作られて川から海に供給されている、ということがだんだん科学的に分かってきたわけですね。

ですから、今まで大学の先生がアホやないかとおっしゃっていたことは、実はすごい意味があったということじゃないですか。つまり森と川と海はそういうふうにつながっているということですよね。このつながりは、まだまだこれから研究が進むと思いますけど、一つの大きな要素として鉄の科学を知らなければ話にならないということが分かってきたわけですね。ですから、そういう目線で自然界を全部見ているとですね、文字通りなるほどなということが分かるわけですね。

今回の津波の場合もですね、なぜプランクトンがそんなにワーッと湧き上がるように湧いてきたかと言いますと、冷めた目で津波を見るとですね、被害を受けたのは昔海だった所なんですよ。埋立地ですよ。今、高台移転ということで高い所にみんな家を建てるための工事が始まっています。そこの調査が始まると縄文遺跡がごろごろ出てきているわけですよ。縄文人は、もちろん縄文海進の時代ですから、海水は低い地に入ってきたと思うんですけど、やっぱり津波が届かない高い所にちゃんと住んでいたわけですよね。そこから、人間はやっぱり海近くの方が便利ですから、どんどん下りてきたわけですよね。埋め立てて、工場も造るし、学校も造るし、家も造って、そこにあの規模の津波が来てしまえば、やられるのは当然だということじゃないですか。

それで、もちろん潮が来た所のスギは枯れましたけれども、でもいわゆる杵の森のような、雑木林のようなものは比較的枯れないんですよ。ですから、背景の森林はちゃんとしているということですね。埋め立て地に人間が造ったものが壊れただけの話であって、背景の森林も川も大きな目で見れば被害がないということじゃないですか。川からはフルボ酸鉄が相変わらず供給されているわけですよね。津波で海が攪拌《かくはん》されましたよね。攪拌されて、黒い水というのを何となく毒のような表現をした新聞記事もありますけれども、でも考えてみれば、海底にはいろんな栄養塩がありますから、これが湧き上がってきているわけですね。それから、フルボ酸鉄が相変わらず川から安定的に供給されている。これは、プランクトンが湧くのは当たり前と言えば当たり前ですよね。ああ、なるほどなということがだんだん分かってきました。

海と背景はつながっておりますから、背景を壊してしまうと海の復活はなかなか難しいということですよね。だから、沿岸域の生き物が育つ海というのは、結局、背景をなるべく自然に近いように整えておくことが肝心だということですよね。ところが、行政の仕組みも縦割り、学者の世界も縦割りということですから、学校で、縦割りで頭を作られた人間が行政に入ると当然縦割りになるわけじゃないですか。これは教育の世界をちゃんとしないといけないなということを、私たちはすぐに感じましたね。

写真19　小学生を舞根湾の牡蠣筏に招いて，牡蠣の命の源は森にあることなどを説明する畠山重篤氏

▽子どもたちの心に木を植える

それで平成二年から私たちは、川の流域の学校の子どもたちを体験学習と称して海に招待し、森と川と海はどうつながっているかということを教え始めました（写真19）。それは突き詰めていくと、何を教えるかと言いますと、川の流域に住んでいる人間の存在とは何か、ということなんです。人間とは何かということを教えるんですよね。もちろんそんな難しいことは言いませんけれども。

それで、子どもたちはあっという間にそのことに反応するんですね。自分たちはどういう存在なのかということに。体験学習に参加した子どもたちから来る作文があります。私たちは畠山さんの体験学習に行って、行った次の日から朝シャンで使うシャンプーの量を半分にしましたと言うじゃないですか。泣けますねえ。お父さんに、農薬とか除草剤をほんの少しでいいから減らして下さいってお願いしましたと。女の子は、お母さんが台所で洗い物のときに、油ものを作ると洗剤を真白くなるほど振りかけている、お母さん、洗剤をそんなに振りかけると、海へ流れていって海の植物プランクトンに入っていき、結局は食物連鎖で人間の体に来るんです、みたいなことを五年生の娘がお母さんに説教しているというわけじゃないですか。こういうことを二十数年間ずっと続けてきているうちに、本当に津波の前ですね、岩手県の室根町から気仙沼湾に注いでいる大川はきれいになりました。

秋になるとサケが上がりますが、東北の最大の川は北上川ですよね。北上川に上がるサケは大体五万尾なんですよ。もちろんその前に定置網で捕っちゃっていますから、比較するのはちょっと苦しいかも分かりませんけども、私たちの大川はたった全長三〇キロ弱ですね、北上川は二五〇キロの大河ですよ。大川は北上川の一

写真20　「森は海の恋人植樹祭」において，森と海の豊かなつながりを願って植樹する人々

○分の一の川ですよ。でも、その大川にサケが何尾上がってくると思いますか？　六万尾ですよ。それ一つっても、川がいかに良くなってきたかが分かります。そして、川が良くなるということは海も良くなるんですよ。幻の魚であるウナギやメバルがパラパラ来ていたわけですよ。

それで、やっと孫にも希望を与えられるということで、おじいちゃん役で私ももう大丈夫だなと思っていたところに、津波が来てしまったのです。でもですね、千年に一度の津波を受けても、海がちゃんと戻ってきた。私は確信的に、漁師が山に木を植えている「森は海の恋人運動」の方向性は間違っていなかったことを、ここに本当に皆様にお知らせしたいわけですね（写真20）。だからそういうことを一つのきっかけにして、本当にこの有明の問題をみんなで話し合って、なんとかこの海を復活させる一つの例になるんではないかということで、今でもそういう活動を続けてきているわけですね。

▽牡蠣漁師が世界の森のヒーローに

私は去年の二月にニューヨークの国連本部に呼ばれました。なぜ行ったかと言いますと、一昨年は世界森林年という年で、世界中で森林のことを考えるという年だったんですね。そして、民間人で森林保全をしている人間をフォレストヒーローとして、アジア、アフリカ、ヨーロッパ、南米、北米から一人ずつ選ぶという制度ができたんですね。じゃあ、日本代表に誰を選ぼうかということで、これはまあ津波に対する応援ということが第一義だと思うんですけれども、漁師の私を日本代表に選んでくれたわけです。もちろん皆さんの中にも森林保全をしている方はいっぱいおられますよね。九州にもたくさんのプロがいらっしゃいますよね。そういう方々を

写真21　国際連合森林フォーラムが定めた世界のフォレストヒーロー賞をアジアを代表して受け，講演する畠山重篤氏（2012年２月９日，ニューヨーク国連本部）

差し置いて、漁師の私を日本代表に選んでくれたわけですね。でも、日本代表に選ばれてもアジア代表にならないと、フォレストヒーローは来ないわけですよ。それで、じりじり待ってたんですが、なかなか内定が来なくて、みんなでやっぱり駄目だな、国連も漁師をフォレストヒーローにするのはおかしいというふうに考えたんじゃないかと思って、まあそんなもんかと思っていました。でも、情報がいろいろ行ったんでしょうね。私にフォレストヒーローの内定が来ました。この金メダルは、本当に皆様とともに私が代表で行って頂いてきて、今日持ってきました。世界で五つの金メダルです。これを頂いてきました（写真21）。ここで大体拍手が……（観客拍手）。ノーベル賞だって各部門でずいぶん人がいますよね、でもこれは大陸から一人ですから、ある意味で自然界のノーベル賞と言ってもいいんじゃないかって、そういうふうなことも言う人もいますけれども。

いずれにしても、国連からこういうメッセージが発せられたというわけです。森のことを考えるときは、海まで視野に入れなさいということですね。海のことを考えるときは森も視野に入れなさいということが、国連からも発せられたわけですよ。そういう中で、縦割りだとかいうふうなことはもう、恥ずかしいことではないでしょうか。ですから、川の流域の人たちが自然界のメカニズムを大体分かってきた頃ですし、本当に腹を割って話し合ってやればですね、有明海再生も私は夢ではないんじゃないかと思いますね。

私は実は、農林水産省の政策評価第三者委員会の委員に任命されており、時々農水省に行ってるわけですよ。そうすると、今までは林政と農政と水産のお役人が一緒になることはなかったそうですよ。初めてそういう組織ができたんですね。でもね、びっくりするようなことがありますよ。つい一〇日ほど前にも行って来たんですが、政策評価ですから、政策がどれくらい達成されたかというのを、数値目標で良かったとか悪かったとかを見るわけです。これにはお米の消費がどれくらい増えたかというふうなことの目標数値もあるんですよね。東大を出た方が何をお考えになっていると思いますか？　お米の消費を増やすために、学校給食にもう少し米飯を入れてほしい、自衛隊にもう少しご飯を食べてほしい、そんなことを言ってるんですよ。そして、ご飯を食べましょうという、でっかいポスターが貼ってあるんですよ。津々浦々にものすごい予算を使ってポスターを貼っているんです。

だけど、ちょっとおかしいんじゃないですか。お米を、ご飯を食べろと言ったところで、おかずが悪ければご飯は食べられないじゃないですか。だから、あのポスターの中にアサリの味噌汁を置いて、どうしてこういうふうに考えないんですかと。これは奥さん方からよく言われるんですよ。今のアサリの値段が半値になったら、週三回アサリの味噌汁を作るわ、と言うんです。出汁をとるのがなくて楽だし、子どもたちもみんな喜ぶというわけですよ。アサリがふんだんに採れるようになれば、黙っていても米の消費が増えるんですよ。だから、諫早でも、農家と漁師が喧嘩をするなんてとんでもないことなんですよね。そういう目線で物事を追っていくと、いろいろなことが本当によく見えてきます。

もう時間が来てしまいましたけれども、最後に「森は海の恋人」というこの言葉が今年の四月から使う高校一年生の英語の教科書にとうとう登場しました。全国の七割で使っています。何と書いてあるかと言うと、

The sea is longing for the forest, the forest is longing for the sea.

と言うんですよね。どういう意味かと言うと、「森は海の恋人」を訳すとこうなるというんですよね。牡蠣と植物プランクトンとひげのない私の顔写真が載っているのですが、これが一〇ページにわたっています（写真22）。植樹祭の風景もこういうふうに載っている。そしてなんと、英語の教科書にフルボ酸鉄の解説まで出てるんですよ。みんなでこういうことを考えるという方向がやっとここまで来ましたので、私は希望を捨てるこ

写真22　全国の多くの高校１年生は，英語の教科書で森は海の恋人運動と森と海のつながり仕組みを学習する（東京書籍，『PROMINENCE Communication English I』）

とはないと思います。

　このlonging forの言葉を誰がこういうふうに訳してくれたかと言いますと、畏れ多くもですね、実は皇后陛下美智子様でいらっしゃいます。両陛下は、私たちの「森は海の恋人」運動にずっと関心を寄せて下さっていました。なかなか「森は海の恋人」を英語に訳すのが難しかったんですね。恋人自体を英語に訳すのは難しいんですよね。例えば、ダーリンとかラバーとかですね、なんかそういうちょっと愛人っぽいことに行くんですね。これを上質にグレードアップするにはどうしたらいいかということで、皇后様にお伺いを立てましたら、long forという術語を使ったらどうですかとおっしゃるんです。long forを英語辞書で調べましたら、これは愛してるとか好きだという意味もありますけども、第一義的にはグレードがアップして、お慕い申し上げているという意味なんですね。海は森を慕っている、森は海を慕っている、とこうなるわけですよ。そうすると川の流域に住む人間がどういうことで暮らしていかなければいけないかということが、よく見えてきますよね。

　両陛下がおっしゃるわけですから、国連も言うわけですから。縦割りだなんて言ってないで、本当に流域の方々が一緒になってこういうことを考えるというのは、非常にこの国の形を整えるためにも意義があるということですよ。日本列島はですね、真ん中に脊梁山脈がありまして、日本海と太平洋に、二級河川を入れると三万五千本も流れている、こういう国なんですよ。だから、この関係さえ自然に近づければこの国は心配がない、ということが分かってきたわけですよ。ぜひですね、この有明の海がこういう考えで豊かになることを祈念いたしまして、今日の私の話に代えさせていただきたいと思います。どうもご清聴ありがとうございました。

3 韓国スンチョン湾に諫早湾、有明海の未来を重ねる

佐藤正典
田中　克

韓国南岸に順天《スンチョン》市があります。朝鮮半島の西南端に位置する木浦《モッポ》と東南端の大都市釜山《プサン》の中間より少し西寄りに位置する海辺の町です。その東隣りに位置するのが、二〇一二年五月から八月にかけて国際海洋博覧会が開催された麗水《ヨス》市です。この人口一〇万人前後の、ほとんど知られていなかった地方都市は、今では韓国を代表する自然環境保全都市として大きな注目を集め、年間三〇〇万人以上の観光客が全国から集まるまでに至っています。

佐藤正典氏

ここでは今から十数年前に、スンチョン湾を埋め立てて工業団地にすることにより町を活性化させるのか、類まれなスンチョン湾の干潟環境を保全することに町の未来を託すのか、すなわち開発か自然保全かが激しく議論されました。その結果、恵まれたスンチョン湾の干潟の自然を生かして地域を活性化させる「生態首都」、「生態観光」を目指す方向が選択されました（写真23）。順天市はいろいろな点で諫早市の元の姿によく似ており、諫早湾や有明海の今後の再生方向を考える上で学ぶべき点が多い身近な存在なのです。

二〇〇六年にラムサール条約に登録されたスンチョン湾（三五五〇ヘクタール）は、閉め切られた諫早湾とほぼ同じ面積であり、その大部分（二二六〇ヘクタール）は美しい泥干潟で占められています。干潟の上部には広大な塩性植物（ヨシやシチメンソウ）群生地が残されており、それが水田と連続しています。その間には舗装さ

写真23　韓国南部の「順天湾自然生態公園」には年間300万人以上の人々が保全された干潟を見学に訪れる
写真24　順天湾奥部に広がるヨシ群落。干潟がヨシ群落で縁どられ，人工護岸は見られない

れていない農道が走るだけで、コンクリートの防潮堤は設置されていません。何より驚くのは、このスンチョン湾の海岸線は、ヨシ群落などに縁どられた自然海岸であり、ほとんど人工護岸化されていないことです（**写真24**）。高台から湾内を眺めると、小型の定置網など多くの漁具の設置が見られ、この海の豊かさをうかがい知ることができます。人間が一歩下がることによって沿岸部の自然を守ることは、それ自体が「防災」にもなっているのです。

市が策定した土地利用計画に基づいて、干潟とその周辺域は「環境保全地域」に指定されています。そこでは、開発が禁止され、電柱の撤去や飲食店の移転をはじめ徹底的な保全策がとられました。当初は根強い反対もありましたが、市のしっかりした方針のもとに問題を解決しながら「生態首都」化が進められました。

その結果、ここには年間三〇〇万人を超える観光客が訪れ、その経済効果は非常に大きなものになっています。多くの若者がこの地にとどまり、地域の今と将来のために、知恵を絞って様々な自然保全と観光客の誘致策などを工夫し、地域の経済が持続的に発展するモデルともなっています。ちなみに、観光客三〇〇万人は、フランスを代表する観光スポットとして有名な世界文化遺産のモンサン・ミッシェルに世界中から訪れる観光客に匹敵する規模です。

写真25　スンチョン湾の干潟で戯れるムツゴロウ

大勢の観光客は尾瀬ケ原の湿地と同じように、干潟やヨシ群落の上に敷かれた木道を歩きながら、美しい湿地や多くの魚、カニ類、貝類、水鳥などの生物を観察し、自然の豊かさとその大切さを実感することができるのです。スンチョン湾の泥干潟にも多くのムツゴロウが生息し、訪れた人々はそのユニークな姿や干潟上で餌を採る行動、縄張りへの侵入者を追い払う行動、産卵期には鰭《ひれ》を大きく広げて空中に飛び跳ねる行動などを、身近に観察することができます（写真25）。

我が国では有明海や八代海の一部でのみムツゴロウを見ることができます。そして、有明海でも韓国でも、ムツゴロウは人々の食材になっています。筆者の一人（田中）は、スンチョン湾の干潟を観察した後、案内していただいた順天大学の干潟研究者に、〝ムツゴロウ鍋〟を食べましょうと誘われましたが、その時はあいにく採れなかったのか、ムツゴロウは鍋の中からは現れませんでした。有明海の調査で長らくお世話になっている柳川市のさいふや旅館の夕食によく出てくるムツゴロウのかば焼きとどちらが美味かを比べるのは、次回の訪問まで持ち越しとなりました。

九州西岸に位置する有明海には、日本最大の干満差、さらには九州最大の河川である筑後川の流入のおかげで、我が国の干潟面積全体の四〇％にも及ぶ広大な干潟が発達しています。その特異な環境と生物相は、多くの点でスンチョン湾をはじめ韓国西南岸とよく似ています。韓国西岸を南から北へと北上すると、干満差は次第に大きくなり、それに伴って干潟の面積は拡大し、干満差が一〇メートル近くに達する北朝鮮との国境近くに位置する仁川《インチョン》周辺では、有明海をはるかに上回る広大な干潟が広がっています。

有明海と韓国西南岸との生物相の類似は、今から一万年以上昔の氷期に海水準が一〇〇メートルを超えて低下し、大陸と日本列島が陸続きになった時期に遡ります。そのころ中国沿岸並びに韓国西南岸に生息していた生きものたちが、九州などの日本沿岸域に分布を広め、その後の温暖化に伴う海水準の上昇に伴い大陸と日本列島が分かれた後も、日本に居続け、大陸沿岸の環境と類似した有明海の奥部に生息し続けているのです。このような氷河期の遺産と言える貴重な生きものたちが、有明海の瀕死化によってその生息が極めて厳しい状態に陥っています。

スンチョン湾は例外的存在であり、韓国においても日本においても、干潟の価値がよく認識されないままに、当面の経済成長最優先のもとに埋め立てられたり、人工護岸化やダムにより砂の流入が止められたり、陸域の開発によって環境が著しく劣化してしまっています。韓国西岸の中央部に位置するセマング地区や北部のインチョン地区では、工業団地の造成や国際空港の建設などを目的にした大規模な干拓によって広大な干潟が失われました。干潟の消失は我が国ばかりでなく、韓国など多くの先進国では常態化しているのです。今や地球規模で、泥干潟特有の生物を中心に、多くの種が絶滅の危機に瀕しており、干潟の生態系に支えられてきた沿岸漁業も壊滅の危機に直面しています。

今、諫早湾は大きな転換期を迎えています。多くの関係者は、二〇一〇年一二月に確定した福岡高等裁判所の判決どおりに閉め切り堤防の水門が開放されれば、調整池が汽水域に戻り、一七年前（一九九七年）に失われた干潟の再生が始まるであろうと大きな期待を寄せています。これほどの大規模な環境復元はかつてなかったことです。この画期的な機会を活かし、これまでの対立を乗り越えて、恵まれた自然を生かした地域再生が実現できないであろうかと期待に胸を膨らませました。

しかし、有明海の再生を願う多くの漁業者、市民、研究者などのこのような切実な願いは、まだ実現に至っていません。司法の確定判決を誠実に遵守して解決を進めることを怠ってきた政府（農林水産省）と開門絶対反対に固執した長崎県の対応により、事態は混迷を深めています。今、準備不足のまま開門して調整池に海水が浸入したら営農ができなくなるとの理由から、長崎地方裁判所が、二〇一三年一一月に上級裁判所の確定判決とは正反対の「水門開放の差し止め」を国に命じる仮処分を決定したのです。

このような混迷した事態だからこそ、今を生きる私たち自身の当面の利害のみでなく、続く世代にとって何が必要か、長期的視点に立って諫早湾と有明海の再生を見つめ直す必要があります。農業、漁業、観光産業、環境教育などすべてを包含して、孫子の世代のためにあるべき道を探る上で、韓国スンチョン湾の事例は私たちに多くの示唆を与えてくれます。

多くの絶滅危惧種の生息場所であった美しい諫早湾の復元は、国内はもとより世界中から注目されるに違いありません。そして、諫早湾がそのような形で蘇るなら、それは必然的に有明海全体の再生につながるでしょう。それはまた、日本中で繰り返されてきた「自然破壊型の公共事業」を見直すための絶好の機会になるでしょう。

4 大震災を乗り越え、自然の環から人の和へ

畠山　信

▽はじめに

ＮＰＯ法人森は海の恋人副理事長の畠山信です。「自然の環から人の和へ」ということで少しだけお話しさせていただきます。二〇一一年三月一一日の大震災以来、多くの方々からご支援をいただき、改めて感謝申し上げます。時間の経つのは早いものですが、時間の経過とともに、状況は一見刻々と変化しているように見えるのですが、実は本質的なところは変化していないのが被災地の現状です。

震災以降、人生が変わった方が被災地以外でも多くいらっしゃるのではないでしょうか。私自身も家も流され祖母も亡くなり、父重篤はこうして生きていますが、人も自然も大きく変わりました。その変化をうまく活用できないかということも含めてお話しさせていただきます。

まず森は海の恋人というＮＰＯですが、法人格の取得は二〇〇九年で、三年経って本腰を入れようと計画していたところで、巨大な津波によって事務局ごと流されてしまいました。ゼロからというよりマイナスからのスタートになってしまいました。京都大学の田中克先生をはじめ全国の多くの先生方にもご協力いただいて何

とか活動を再開することができました。任意団体の時から年に一度の植樹祭などの活動を含めて成果が出始めてきたのは、人の心持ちが少しずつ変わってきたからです。

頭の中では、自然のつながり、森から海に川が何かを運んで来てくれるというのは、知識として理解しているものの、感覚でそれを理解している人は少ないのではないでしょうか。それでも、最近は小学校の教科書などにも取り上げていただいているので、少しずつ浸透してきているのではないかと思います。森は海の恋人運動は平成元年に活動をスタートしたので、当時の小学校五年生は今では自分の子どもを連れて海に来てくれるなど、人の流れが出来上がってきたという感覚があります。

▽津波の海に飛び込んで

3・11を振り返ると、「いやー、本当によく生き残った」という気がします。非常に大きな揺れがありました。今日の午前中も三陸沖を震源とする震度6だったかの大きな地震があり、津波はないということでしたが、やはりドキドキするものです。地震の前兆の地鳴りがすると、心に恐怖が刻まれているので体がキュッと硬直する感じです。3・11の時は本当に大きな揺れでした。

私は漁業者でカキやホタテの養殖をしているので、当時は船を守らないといけないということで沖に出ました。船が壊れるのは波に揉まれたり、何かにぶつかってのことですので、沖に出ると津波は上下するだけで波を乗り越え、船もなかなか壊れないものなのです。沖に出航して凄い勢いで進んでいると思ったら、それは引き波に乗ってのことでした。途中に岩に乗った高さ一五メートルほどの赤い灯台があり、津波の引き潮でその根元がザバザバと波打ち、多くの海鳥が集まっていました。ウミネコというカモメの仲間でしたが、波打ちを魚が集まっているのと勘違いをしてたくさん集まっていたので、「ウミネコはバカだなぁ」と思いながら操船

写真26　気仙沼湾の大島水道にある灯台。巨大な津波はこの灯台を呑み込んだ

していました。ところが途中から、「こちらの方がずっとバカだった」ことに気づき、大変緊張し始めました。その灯台が沈み始めたのです。それが津波の第一波で、一五メートルあった灯台が全部沈んでしまいました（写真26）。

大きな波をくらって船のエンジンが壊れ、操船不能に陥り、このままでは危ないと思い、海に飛び込んで近くの島まで泳いで行きました。案外と津波の海を泳いで助かったという人たちもいました。瓦礫の中を泳ぐのは難しいが、私の場合は沖の方だったので、瓦礫があまりなく泳ぎやすかったのも幸いしました。洪水の川を泳ぐのと同じ程度なので、ある程度の訓練を受けていれば何とかなります。ただ陸の方は悲惨で、津波の後というのは火事になり、ＴＶなどで報道されたかと思いますが、気仙沼も文字どおり火の海になりました。水の表面に油が流れ出して引火し、真っ黒な煙を出して燃えました。

私が泳ぎ着いた気仙沼港の沖側にある大島という島でもあちこちで山火事が発生していましたが、何とか助かりました。一方で多くの方が犠牲にもなる厳しい現実に直面させられました。

▽大震災からの復興の前に立ちはだかる壁

そんな状況の中で、まちづくりをどうするのか。地方ではどんどん人口が減少し経済が衰退していく一方のところに、津波が追い打ちをかけた状態でした。保護保全も大事だけれども、経済活動も何とかせねばというのも当然です。天秤にかけると経済が優先されがちですが、気仙沼の場合は海に依存して生業が成り立っているので、どうしたらよいのかとオロオロしていました。

そんな中で田中先生をはじめ多くの研究者の方がボランティアで来ていただき、海の環境調査を始めました。

写真27　気仙沼舞根湾調査がNPOと研究者の連携で進められている

研究者や漁業者やNPOだけでなく企業のご助力もあり、調査が開始されました（写真27）。これをバックアップする形で公益社団法人シビックフォースという緊急支援をしている団体の助けがありました。金銭面や法律でがんじがらめになると何もできなくなるので、複雑な現行の法律をクリアーするノウハウなどを提供していただきました。

法律にはグレーゾーンがあるのが常のようで、捉え方次第で現実の難しい問題を解決する道を見つけることもできるのです。壁を越える具体的な方法は、例えば「メディアの前で対談して白黒はっきりさせましょう」と行政の方に言えば、「今回だけはOKにしましょう」となるようなことなどを経験しました。世の中そんなことばかりですし、残念なことに仕組みを壊していかないことには、現場の複雑な問題は何も前に進まないんです。仕組みを作ったのはあくまで国民で、なぜなら国民が投票で選んだ人が仕組みを作っているからで、それを逆に壊していかないといけないと思います。ただし、壊していく人はあくまでも悪者になってしまうのが現実です。その覚悟があるかどうかが大きな選択肢になります。

幸いにして知人が「オレが壊してやるよ」と軽いノリで仕組みを壊していただき、がんじがらめの仕組みに抜け穴を作ってもらいました。それができて初めて幅広くいろいろな展開が可能になりました。

▽震災の海の環境と生きものたちは

漁業者として一番気になったことは、ありとあらゆる物が海に流れて行きましたから、果たしてその海でもう一度カキやホタテの養殖が再開できるかどうかということでした。今までに見たこともないような海の色でした。表面に油が浮いているのは当然ですが、

写真28　気仙沼舞根湾に予想をこえて速やかに復活したキヌバリの稚魚たち
写真29　地震による地盤沈下で海に戻った場所にたくましく蘇ったアサリ

茶色に濁っているけれども、通常の泥水の濁りではなくてメタリックな濁りでした。海に潜っても震災直後は何も見えない状態でした。いろいろな浮遊物があって無機物なのか有機物なのかも分からない状態で、もちろんその中には遺体もありました。そんな中で、ここでは海の環境調査を早くから始めることができました。

私が住んでいる集落は小さな小さな漁村で、世帯数は一五〇にも満たないくらいの漁村ではありますが、実際に漁業をしているのは少ないところです。漁業というのは「キツイ・キタナイ・カネにならない」の3Kの代表のようなもので、持続可能な漁業というのは非常に難しいのです。自然に依存しているものですから、環境を調べないことには安全な漁業はできないのです。ここが一番の基本でした。皆さんのおかげで、調査を始めて調べれば調べるほどに、先生たちの口からいろいろな海や生物に関する情報がもたらされました。海底には未だに大量の油が泥に染み込んでいる状況で、気仙沼周辺だけでなく、三陸の各地がそういう状態でした。

一方で、生物の回復というのは基調講演での父・重篤の話にもありましたように、非常に心強いものを感じました（写真28・29）。まったくゼロになった状態からの回復力というのは、人間社会の場合には弱い感じがしますが、野生動物というのは強いですね。自然遺産に登録された屋久島と皆伐された元は森の跡地にできた野原とで生きものの種類を比べると、その辺の野原の方がはるかに多いんですね。野原にはいろいろな環境があるからでしょうね。屋久島のようなところはある程度安定しているので生きものの種類に変動がないんですね。舞根《もうね》湾では、同じようにゼロになったところへ我先にと入ってきた生きものとしては、ボラが最も強かったです。大きな川から小さな川まで、気仙沼市内の川は震災から三カ月くらいはボラの稚魚で真っ黒でした。他にも時間を追うごとに個体数と種類数が増えていきました。これを感じた時に「海って強いんだ。自然って強いんだ。人と違って」と思い、兄弟三人でまた漁業をやっていこうという気持ちを取り戻し、現在も漁業を続けています。

▽若者の力を集めて新たなＮＰＯを立ち上げる

一方で、持続可能性ということを考えた場合に、漁業一本では限界漁村を維持していくのは不可能だと私は個人的に考えています。というのは、自然環境というのはどんどん推移していくものだと理解しているのですが、その変化の速度が人間活動によって大きく変えられる中で、漁業をやっていると感じるんです。震災後、海がおかしいんです。あまり見たことのないクラゲやプランクトンが現れたり、よく分からない魚が泳いでいたりする状況が生まれました。一時的なものかもしれませんが、目につく回数はあきらかに増えていると肌で感じています。

そんな中で、持続可能性を模索するには会社を立ち上げ起業しなければ、という思いが強くなりました。当初は、私一人ではノウハウもあまりありませんので大きくは動けませんでした。しかし、人というのはつながることができます。特に未だに被災地にボランティアで入っている方々の中には若い方が多いです。ただし、自分自身の生活を壊してまでボランティアに入ってほしくないという気持ちもあります。中には非常に優秀な人たちも多いんです。海外でいろいろな活動をしてきたとか。そうした若者の中には、震災でぽーんとスイッチが入ってしまった連中が多いんです。そういう連中とお酒を飲んでいて、「なにか新しいまっとうなことをできないか」という話がまとまり、NPO法人ピースネーチャーラボを設立しました。森里海工房という工房を運営しています。森里海工房、勝手に使いました。田中先生、ごめんなさい。

▽クッティと燻製牡蠣のオリーブオイル漬け

実は日本には名前が付いている川が三万本以上も流れています。その一本の川を見ただけでも、流域でいろいろな農産物から海の産物まで大量に生産している方もいるけれど、小規模でも良いものを作っている方もいます。そういうものを仕入れて組み合わせ、クッキーとビスコッティの間の「クッティ」という商品を作りました。さらにこれには味付けの工夫などをする必要がありますので、大阪の辻調理師専門学校の先生などをお呼びし、何とか頭を下げて教えていただきました。また、人は見た目で食べるのでパッケージにも大変こだわって、さらに商品の流通ルートもその筋の方々のところへ出かけて、頭を下げて土下座してでも「お願いします。教えて下さい」と作っているのです。牡蠣を燻製にしたもののオリーブオイル漬けも最近商品化しました。TPPの問題もあるので逆に利用してやろうという勢いで、海外への進出も頭に入れながら漁業をするのが、これからの新しい漁業の形態なのかと思っています。

▽三陸の未来に立ちはだかる防潮堤計画

こうしたこれからの方向の前に大きく立ちはだかっているのが巨大防潮堤の壁です。このままでは、三陸沿岸部はほぼコンクリートで固められかねません。元々ほとんどがコンクリートなのですが、計画にある高さ一四・七メートルは、ビルにすると五階建ての屋上くらいの高さです（写真30）。しかもその設置場所には、平地

写真30　「防潮堤祭り in 東京」。巨大防潮堤の高さを実感してもらうための催し

には人が住めない所まで含まれています。「人は住まないけれど堤防を造りますよ」と。では、守るものは何かということを行政に問い詰めていくと、言葉はいろいろと変わっていくのですが、最終的には「国土を守るため」と言うので、「じゃあブルーシートでもかけておきなさいよ」と個人的には思います。なぜなら、被災した三陸沿岸は風光明媚で、観光が非常に大きな産業なのです。観光を考えた時に、コンクリートの壁を観に来る人はあまりいないでしょう。ひょっとしたら、バカな日本の現実を観に来る人がいると、推進される人は期待しているのかな？　と思ったりするほどです。

そういうことを考えても、人口が減少し続ける中、これからどんどん税金が上がっていきます。無駄な公共事業も増えていく可能性があります。管理費がかかるコンクリート構造物は本当に必要なのかと思います。この会場の外のブースに、国際リニアコライダー（現在、国際協力によって設計開発が推進されている将来加速器建設計画。日本では、高エネルギー加速器研究機構を中心に誘致を進めている）は本当に必要なのかというチラシを持っている団体さんがいらっしゃいました。あれは目からウロコでした。岩手県や宮城県にもいろいろな所に推進のポスターが貼ってあるんです。経済的な効果は大きいかもしれませんが、自然そのものが資本であると考える自然資本から考えると、それは外れている可能性が高いと思います。いろいろな問題が、もちろん被災地だけでなく、こちら当地にもあると思います。先を考えると結構暗いなあと実は正直考えてしまうのですが、それをどう明るく生きられるか、というのが今私たちに求められている仕事です。

こんな形で砂浜を埋めるという計画、巨大なコンクリートの壁で囲むという計画が被災沿岸部全域で進行しています。住民の中には賛成・反対の他、無関心層が多いのが現状です。反対するにしても「仕組みだから仕方がない」ということと、壊

写真31　舞根湾奥部に蘇った湿地。70年前の海に戻り，多くの生きものたちが現れつつある

れたものは元に戻すということになっているんですね。

さらに被災沿岸部には干潟が多くできました。もともと（六〇～七〇年前には）干潟だったんですが、そこを埋め立てて畑・農地や宅地にしたんです。それが地盤沈下で約八〇センチ下がった結果として、元の干潟や湿地に戻り（写真31）、そこにアサリが大量発生しました。絶滅危惧種になったニホンウナギも結構見つかります。アナゴも先日、美味しくいただきました。そういう生きものがどんどん増えている、それを「資本」と言わずに何と言うのでしょうか。それを誰も使わない畑に戻すのが行政の仕事だとしたら、それをすり抜けて仕組みを壊すような技を持って挑まないと何も良くならないのです。

以上のようなことが、被災を受けた漁村のあまり表には出てこない現実です。

ご清聴ありがとうございます。

5 有明海のアサリ復活を人の輪で

吉永郁生

かつて「宝の海」と呼ばれていた有明海はいつの頃からか〝瀕死の海〟になってしまった、らしい。実は私が有明海に足しげく通うようになったのは、ほんの二、三年前のことであり、以前の豊かな有明海は文献や人の話の中でしか知らないのです。私の両親は長崎県諫早市の出身であり、一九五七年の諫早豪雨の体験者でもあります。その両親は、かつての諫早湾の豊かさを懐かしんでしばしば自らの原風景である干潟遊びなどを私に語ってくれました。そして、私が有明海の干潟に足を踏み入れ、専門である微生物の生育環境としてじっと観察した感想は、確かに有明海は豊かであるということです。それなのになぜ、昔は湧いて出た（という）魚や、貝や、その他の生物がいなくなってしまったのでしょうか。

▽大量生産—大量消費から、大量生産—少量消費の海へ

サンゴ礁の海は透明度が高く、色とりどりの魚が群れ泳ぐ豊かな海のように思われますが、実は栄養塩に乏しく一次生産が限られるため、水が澄んでいるのです。対象的に栄養塩が豊富な有明海は、有機物も多く、したがって多くの生きものが旺盛に増殖、繁殖できる、まさに「豊かな海」なのです。実際、現在でも干潟の表

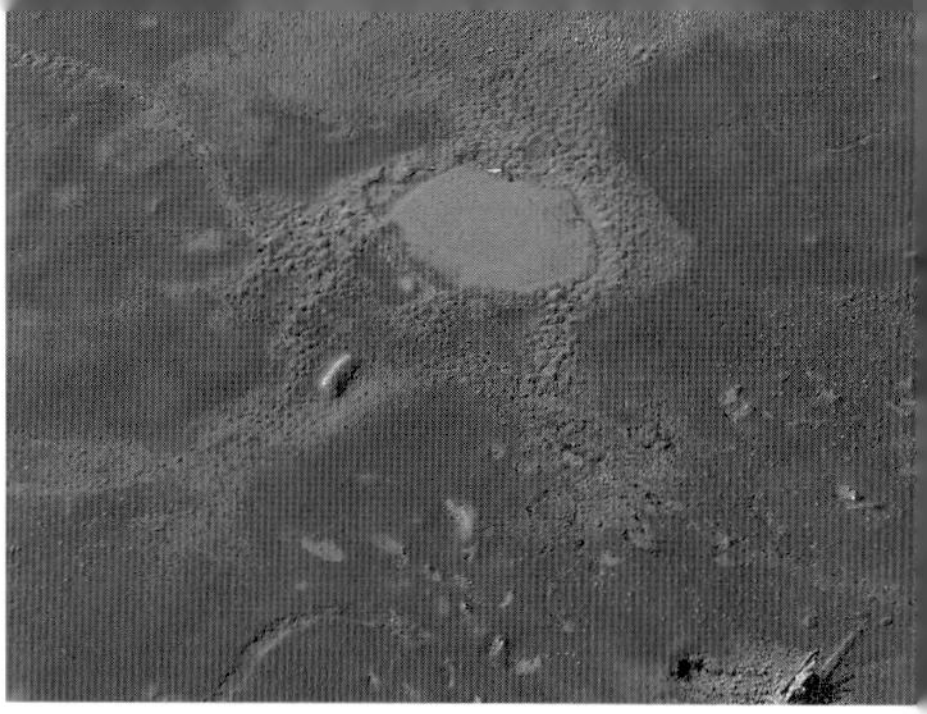
写真32　有明海の干潟に繁殖した付着珪藻類とムツゴロウによる食み跡（中尾勘悟撮影）

面には多くの底生付着珪藻が繁殖し（写真32）、カニやゴカイの餌には事欠かないように思われます。

しかし反面、これらの豊富な有機物が動物に充分に消費されないと、有明海の干潟はヘドロ化してしまいます。堆積した有機物は、細菌によって分解されますが、その過程で大量の酸素が消費され、貧酸素化します。このような環境は硫化水素やアンモニアの発生を招き、潮流などで充分に攪拌《かくはん》されなければ、底生生物が棲みにくい環境になってしまいます。また、貝やカニ、ゴカイやアナジャコなどの底生動物が干潟を動き回ることによる酸素の供給も、干潟の生態系では重要な役割を果たしています。

結局、干潟の生物の消失は、干潟の有機物の消費者を失わせ、結果的に過剰な有機物が干潟に残り続けることによって、さらに環境が悪くなった結果、今の瀕死状態に至ったと言えるのではないでしょうか。当初、干潟の生物が激減した原因は定かではありませんでしたが、現状のままでは有明海の再生はおぼつかないと思われます。

▽まずは役に立たない底生動物を増やそう

では、何から手を付けたらよいのでしょうか。まずは干潟の底生動物、つまりアゲマキ、アサリやアカガイなどの二枚貝をはじめ、カニやムツゴロウ、アナジャコやゴカイなどを増やさなければなりません。その時、まず決して商売にはならない動物が増えてくると予想されます。しかし、人間の目から見れば食えもしなければ何の役にも立たないような動物であっても、干潟の物質循環や生態系にとっては欠くことのできない生きものであることを、まず認識してもらいたいと思います。

写真33　柳川市矢部川河口域における軟泥干潟にカキ殻を撒き，微小底生生物の復活を図る干潟再生実験

これらの生きものもある程度増えれば、間引いて干潟から回収することを考えなければなりません。そこで、人間の出番です。増えた生きものを生態系に無理のない程度で、ありがたくいただくことは、むしろ有明海のためにもなります。生物が湧くように動き続ける限り、干潟環境もまた動き続け、目に見えない生きものである微生物もまたその役割を果たすことになります。硫化水素を作り出す細菌、硫酸還元細菌もまた、生態系の中では必要な生きものであることも、微生物学者の端くれである私としては声を大にして言わせてもらいたいのです。

結局、栄養塩や有機物が豊富な有明海は、速い速度で食物連鎖や物質循環が動き続ける限り、その恩恵を我々にも与えてくれますが、反面、どこかで歯車が狂うと連鎖反応的に環境が悪化する危険性を秘めた海であることを、特に有明海周辺に住まう人々には知っていただきたいと思います。

▽急がば回れの有明海再生──そのカギは人の輪作り

一〇年かけて悪化した環境は、同程度かそれ以上の時間をかけなければ元には戻らないでしょう。いや、もはや元に戻ることもないかもしれません。しかし、その中でも新しい環境に適応した生態系が出来上がるはずです。問題はそれを待つ忍耐力が我々に備わっているかどうかです。というのも、昨今の議論を側聞するに、有明海再生に関してあまりにも結果を早く得たがっているようにしか思われないからです。無理は新たな無理を生み出す危険性をはらんでいます。

柳川市に「NPO法人SPERA森里海・時代を拓く」が立ち上がり、この春から新たな事業を開始しました。それは柳川沖の干潟に、ほんの一〇メートル四方の区画

写真34　柳川市矢部川河口域における軟泥干潟再生実験を進める市民，漁業者，研究者

を作り、そこにカキ殻を撒くというものです（写真33）。カキ殻は空隙を作ることにより、干潟の奥深くまで酸素を送り込みます。もちろんその複雑な構造は乱流を生み、複雑な物理・化学環境を生み出します。そのような複雑な環境は、様々な微生物の共同作業を可能にします。またカキ殻を付着基盤として様々な生きものが棲み着き、ゴカイなども増えるのではないでしょうか。そして、わずか一〇メートル四方の面積であっても、生物のあふれるサンクチュアリが出来上がれば、その影響が周辺に広く行き渡るのではないでしょうか。まさに千里の道も一歩からです。私たちはそのような夢を持っています。

特筆すべきは、この事業そのものが様々な環境で働く市民や漁師、そして研究者との共同作業だということです（写真34）。この再生へのプロセスを有明海周辺の多くの人々と共有することで、人間もその一員である有明海生態系をうまく管理していけるのではないでしょうか。なにより、有明海周辺に住まう人々が有明海に興味を持ち続けなければ、一時的な有明海の復活など何の意味もありません。まさに有明海復興は人の輪から始まるのです。

写真36　有明海の干潟を舞台に多様な漁の様子や人の暮らしを撮り続ける中尾勘悟

6 有明海の自然と漁の特徴

有明海と人の関わりを撮り続けて

中尾勘悟

▽はじめに

諫早湾・有明海沿岸の暮らしと漁を撮り始めたのは一九七〇年代の初めでした。ちょうどそのころ、諫早湾を閉め切って淡水湖と干拓地を造る構想「長崎南部地域総合開発事業」が提示され、有明海全域の漁業協同組合が反対運動を展開していました。当時私は諫早市の高校に勤めていましたので、この問題に関心を持つようになり、作家の野呂邦暢氏と干潟保護運動家の山下弘文氏らが立ち上げた「諫早の自然を守る会」と外山三郎先生が会長を務めていた「長崎県の自然を守る会」に入会しました。

一九七〇年夏、ヒンドゥークシュ登山に参加、翌々年、残務整理が終わって、これから何をしようかと思案していたところでしたが、ひょっとしたら諫早湾が閉め切られ、広大な干潟が消えるのではないかとの危惧の念を抱くようになりました。また、当時は野鳥観察にも興味を持ち始めたころで、諫早湾の堤防に通い野鳥の写真を撮っていましたが、いつの間にか野鳥はそっちのけで、干潟で漁をする人たちや漁船で漁をする人たちを撮っていました。

一九八五年春、勤務地が島原半島の国見町にかわり、撮影の範囲を有明海全域に広げ、一九八九年夏、写真集『有明海の漁』（葦書房）を自費出版しました。その二年前に諫早市出身の映画監督・岩永勝敏氏（ＩＷＡＰＲＯ）と知り合い、諫早湾の記録映画『干潟のある海・諫早湾　１９８８』の制作に参加しました。その後、ＩＷＡＰＲＯが企画した記録映画三本（文化庁などの助成を受けて）の撮影に協力し、約三年間有明海沿岸を巡り、さらに深く沿岸の暮らしと漁に接することができたのは幸運でした。

二〇〇八年、世界自然保護基金（ＷＷＦ）の「環黄海エコリージョンプロジェクト」の現地調査に同行するチャンスを得て、六月に遼東《りょうとう》湾と渤海《ぼっかい》湾沿岸を二週間、八月には一週間をかけて韓国のインチョン周辺の干潟と漁村、国境の島ペヨンドのゴマフアザラシの生息地を訪れることができました。中国では荘河市にあるクロツラヘラサギの営巣地・石城島に渡り撮影に成功しました。しかし、中国の海岸線は開発が進み、保養地と保護区を除くとほとんどが埋め立てられるか養殖場などに姿を変えていて、自然海岸ではありませんでした。韓国でも同様で、とくにインチョン周辺の干潟は、ほとんどが埋め立てられていて、十数年前（一九九〇〜二〇〇〇年）に見た広大な干潟の半分は消えていました。

二〇一一年春、縁あって長崎県大村市から佐賀県鹿島《かしま》市北鹿島の干潟の近くに移住し、気が向けばいつでも干潟に接することができる環境を満喫しているところです。初めて諫早湾の小野島の堤防に立ってから、間もなく四一年が経過したことになるかと思うと感無量です。諫早湾・有明海に関わってからもう私の半生が過ぎたことになるのです。それでは過去四〇年間に見聞したことを思い出しながら、有明海の自然と漁についてまとめてみたいと思います。

▽不思議の海・有明海

九州の懐深く食い込んでいる有明海は、かつて大陸と繋がっていたころの名残りが見られる特異な内湾なのです。そのため有明海には他の海では見られないムツゴロウやワラスボ、エツなど独特な生きものが生息しています。これらを大陸遺留種と呼んでいます。

広義の有明海は南北に細長い内湾であり、東京湾や伊勢湾と面積がほぼ同じで、一七〇〇平方キロあります。海図と国土地理院の地図には、有明海の奥（佐賀県と福岡県に囲まれた範囲）が「有明海」と表記されていて、地元（佐賀県）では〝まえうみ〟と呼んでいます。島原半島と熊本県に囲まれた南側三分の二は、島原湾あるいは島原海湾と表記されていて、泥干潟はほとんど見られず、砂泥や礫の干潟が発達しています。

写真36　メカジャ採りから戻る漁師。有明海には我が国の干潟面積の４割に及ぶ広大な干潟が広がる（中尾勘悟撮影）

▽有明海の伝統漁法

このように地先によって自然条件は異なっていますが、まだ全国の四割を占める干潟が有明海には残っていて、とくに佐賀県と福岡県に囲まれた有明海は水深が浅く（二〇メートル以浅）、泥干潟が沖合い数キロまで発達しています（写真36）。そのため古くからいわゆる干潟漁が数多く受け継がれてきていて、その数は最近までゆうに五〇種類を超えていました。しかし、最近有明海の環境が悪化してきたため、干潟の生きもの（アゲマキ、ハイガイ、タイラギなどの二枚貝）が激減したこと、干潟漁を生業《なりわい》にしてきた人たちの高齢化とが重なって、干潟漁の種類も減少傾向にあります。アゲマキは平成に入ってから全滅状態になり、アゲマキ掘り（4ページ写真参照）もアゲマキ釣りも見られなくなりました。タイラギもウミタケも減少してきて、禁漁が続いています。

また、江戸時代から続けられてきた竹波瀬《たけはぜ》（元禄時代の古文書の絵図に竹波瀬の記号W状のしるしが描かれている）をはじめ筌波瀬《うけはぜ》、甲手待《こうでま》ち網、建て干し網なども水

写真37　有明海を代表する伝統漁法・竹波瀬。森と海のつながりを象徴する漁法である（中尾勘悟撮影）

揚げが極端に減少し、後継者が育ちにくい状況になっています（昔は甲手待ち網でも手押し網でもウナギがたくさん入ったので、なんとか生計が維持できたようです）。建て干し網も筌波瀬も一〇年ほど前から操業されなくなりました。竹波瀬などは、戦後間もない昭和二〇年代には、大牟田沖から太良町沖にかけて一〇〇統前後あったといわれていたのが、平成に入ったころには三〇統を切り、現在は一〇統はおろか数統あるかないかにまで減ってきています（写真37）。原因は潮流の変化などによる水揚げの激減です。

▽干潟漁

干潟漁の必需品は、今も昔もほとんど変わっていません。江戸末期に描かれた有明海漁業実況図にあるムツ掛けなどの図を見ると、一五〇年前と道具はほとんど同じです。まず干潟を移動するための滑り板（地元では跳ね板、蹴り板、押し板、潟板、素板、ひゃあ坊板と呼んでいます。あくまで一枚の板で、スキーではありません）と、獲物や道具を載せるハンギー（大きな桶を半分に切ったような深さが浅い桶。今は野菜や果物を入れるＦＲＰ製のコンテナを代用）があれば干潟漁の基本的な道具は準備できたことになります（写真38・39）。あとは漁に使う板鍬、網、タカッポ（竹製のトラップ）、掻き棒や釣り竿を漁の対象に応じて用意すれば干潟漁ができるのです。だから以前は、船を持たずに滑り板とハンギーで漁をする人のことを〝潟坊〟とか〝ひゃあ坊〟と呼んでいたのです。まさに干潟漁は限られた道具があれば、あとは経験と体力で獲物を手掴み同様に採ることができるのです。アゲマキ採りやウナギ掴みなどは、〝てぼ〟かハンギーと滑り板があればできたのです。

現在は数キロ沖まで押し板を操って滑って行く人は少なくなってきていて、遙か沖合いの干潟に漁に行くと

写真38　今でもわずかに残るムツ掛け漁
写真39　ずらりと並ぶ干潟を移動するための滑り板（押し板・潟板。中尾勘悟撮影）

きには、船外機付きの小舟に道具を載せて沖の漁場まで行き、そこで潮が引くのを待ってから板を下ろしてハンギーを載せて、潟を移動しながら漁をすることが多くなってきています。しかし、以前は四キロも五キロも沖合いの干潟まで板で滑って行って漁をして、潮が満ち返す前に獲物を満載して岸へ戻っていたのです。アゲマキやハイガイ、カキなどを採るときには、獲物の重さは五〇キロから一〇〇キロ近くになりますから、岸へ向かって押して戻るのは相当な重労働だったはずです。しかし、アゲマキを五〇キロ、六〇キロも採ると二万円ほどになったから、十分報われたわけです。昭和五〇年ごろの私の給料は、手取りで一〇万円はなかったと思います。

今でも島原半島、佐賀県、福岡県柳川、熊本県荒尾《あらお》、長洲《ながす》、玉名《たまな》、宇土《うと》半島の地先では、ほとんど一年中干潟に出る人を見かけますが、干潟漁を生業にしている人は減ってきています。また、昔ほどではないが冬（一一月下旬から二月にかけて）は〝夜潟〟、〝夜ぶり〟といって、大潮の夜は遥か沖まで潮が引くので、大潮の夜半から早朝にかけてタイラギ、ハゼクチ、クツゾコ（ウシノシタ）、タコ、カキなどを狙って、漁業者も一般の人も潟に出ています。タイラギも水深が浅い所では生き残っていて、いい場所に当たれば相当な量が採れるようです。潜水器タイラギ漁が中止になっても市場にタイラギの貝柱が出ているのは、夜潟で採ったものなのです。

島原半島や熊本県の宇土半島、天草の島々の海岸の大部分は、礫と岩石に覆われていますが、所々に砂浜も発達していて、ウミガメが産卵に来ることもあるようです。湾の入り口にあたる早崎瀬戸は潮流が速く、春の大潮のときには流速が六ノット前後になり、水深も一〇〇メートルを超えます。また、天草と島原半島との間には水深が一六〇メートルの所もあり、外洋性の魚もたくさん入ってくるので、漁の方法も漁具も原理は同じであっても規模は大きくなっています。そのため湾奥部では見られない機船底引き網・船引き網（五智網）、裸潜り、一本釣り、延縄《はえなわ》、定置網などが盛んで、一部では一九トン型漁船で東シナ海へ出漁しています。以前は五トン未満の漁船でも、延縄やイカ釣りに五島列島や壱岐・対馬近海まで出漁することも多かったのですが、最近は資源の枯渇や燃料の高騰、後継者不足などが原因でほとんど出漁しなくなっています。

▽豊かだった有明海

かつて「宝の海」と呼ばれていた有明海は、ボクシングに喩えれば、今まさに猛打を浴びてノックダウン寸前のボクサーですが、少なくとも昭和の時代（一九八〇年代まで）までは、漁業努力が資源の回復を上回っていたとはいえ、豊かだったのです。

三年前、長崎県から佐賀県鹿島市の北鹿島に移ってきて、毎月二三日の夜に開かれる地区の「三夜待ち」や老人会に参加するようになって、沿岸の人たちがどれほど干潟の海の恩恵を受けていたかを更に具体的に知るようになりました。諫早湾沿岸でも、干潟に出ていた人たち（主婦やお年寄りが多かった）は口々に、干潟のお陰で子どもたちの学費や孫たちの小遣いや学費の足しを稼ぐことができた、と話してくれました。

私が現在住んでいる北鹿島の井手《いで》、三部《さんぶ》、常広《つねひろ》、新籠《しんごもり》地区では、団塊の世代や少し年下の昭和三〇年代前半生まれの人たちまでは、小学校の上級生になれば干潟に出ていたのです。親や祖父などから「潟に行けば銭の落ちとるけん。拾うてこい」などと言われ、潮が引いていれば学校から帰るとランドセルを玄関に放り出して

ワラスボ掻き

ウナギ塚

ムツ掘り

アナジャコ釣り

写真40　有明海の伝統漁法（中尾勘悟撮影）

そのまま堤防に行き、潟に入ってアゲマキやムツゴロウを捕っていたのです。中学校へあがるともうタカッポを二、三〇本浸けて、ムツゴロウを捕ったりアゲマキを摑み採りして、日に三〇〇〇円前後は稼いだようです。高校生ともなるとタカッポ漁やアゲマキ採りで、日に五〇〇〇円前後にはなったので、夏休みだけで数万円から一〇万円近い貯金ができたのです。それで中学生になるとほとんど親から小遣いは貰わなくてよかったそうで、高校に進学すると、学費も通学用自転車も小遣いも潟で稼いだ金で間に合ったと話してくれました。

今でも七〇歳から八〇歳くらいの人で十数人は、干潟漁（タカッポ、ワラスボ掻き、ウナギ掻き、ムツ掛け、ムツ掘り、ガネ捕りなど）や手押し網や甲手待ち網に、農作業の合間に時々出ています。しかし、ここ一〇年で干潟漁や手押し網や甲手待ち網に出る人は半減しています。干潟漁でも単なる趣味では長続きせず、ある程度報われないと干潟漁の後継者は育たないのです。七〇歳前後の人にいつごろまで干潟に出ていたかと尋ねると、アゲマキがいなくなってからは出ていない、という返事が返ってきました。ムツゴロウはある程度お金になりましたが、最近は食べる人が少なくなってきて、市場に出しても一匹二〇円か三〇円にしか当たらないことが多いので、生業としては成り立たなくなってきているのです。

アゲマキが採れていた昭和の時代までは、梅雨明けか

写真41　潮の流れを利用する手押し網漁。大きなY字型の枠に袋網を取り付けてあり，時々押し上げて入った獲物をすくい取る（中尾勘悟撮影）

ら海苔養殖が本格的に始まる一〇月初めまでの二カ月半で、一四〇万円ほどの稼ぎがあったこともあった、と話してくれた人もいました。当時の私の年収は、三〇〇万円には届いていなかったでしょう。

漁船漁業でも、諫早湾干拓の工事が始まる前までは、潜水器タイラギ漁では、一二月から翌三月までの約四カ月間で、一〇〇〇万円から二〇〇〇万円の水揚げがありました。竹波瀬やアンコウ網、げんしき網（クルマエビ）などは、最盛期には月に二〇〇万円以上の水揚げがあったのです。他にもアナゴ、シャコ、ガザミ、クツゾコ、グチ、スズキ、マダコ、イイダコ、アサリなども月に一〇〇万円以上の水揚げがあったと言われています。竹波瀬漁の四代目の太良町のSさんは、三十数年前までは、漁期（約半年）の間は毎月〝波瀬貯金〟をしていたそうで、蓄えがあったから海苔が不作でもなんとか切り抜けることができた、と話してくれました。竹波瀬を維持するには毎年、竹を数百本から一〇〇〇本補充しなければならないから、数十万円から百数十万円投資しなければならないのです。平成に入ってからは不漁続きで、数統残っている竹波瀬の仕掛けも、二、三年のうちに有明海から消えるのではないかと気になります。

かつては有明海に二〇〇隻余りいたアンコウ網の船も、ここ三〇年の間に一〇分の一まで減っています。島原半島に数隻、佐賀県に十数隻、発祥の地の熊本県や福岡県では現在は出漁していないようです。平成の初めごろまでは、春になると諫早湾の入り口には、イカナゴを狙って島原や深江からアンコウ網の船が一〇隻前後集まってきていましたが、潮の流れが遅くなり砂州に浮泥が堆積して、イカナゴが産卵する砂州が狭くなって育たなくなり、ここ一〇年余りは操業されていません。昭和の終わりごろまでは、秋にはシバエビが諫早湾に入ってきていたので、アンコウ網の船が十数隻、神代《こうじろ》沖から大牟田沖にかけて網を下ろしていました。運がよければ、一晩で数百キロから一トン近く入ることもあったようで、国見町多比良のHさんに見せてもらった昭和四〇年代の仕切り書には、一晩でなんと一一五万円とありました。当時は魚介類の価格は現在の二倍から三倍していたので、シバエビは平均一〇〇〇円／キロだったそうです。

平成に入るとすぐに諫早湾干拓事業が着工され、湾口の海底の砂を採取して潮受け堤防の基礎工事が始まりました。潮受け堤防が締め切られると諫早湾でのタイラギ漁はできなくなり、その後一八年間漁は中止状態です。また、そのころ、原因は特定されていませんが、〝お助け貝〟とも呼ばれていたアゲマキが突然死滅し、有明海から姿を消したのです。有明海からアゲマキが消えたため、沿岸の人たちの干潟への関心が薄れていったのです。小学生のころから干潟に出て、干潟の恵みを享受してきた人たちが干潟に出なくなった理由は、干潟からアゲマキが消えたからなのです。

また、アゲマキを餌としていたワラスボやウナギが潟につかなくなったのも、干潟漁に出る楽しみを半減させたのかもしれません。近所の八三歳になるKさんは、一昨年までワラスボ掻きに出ていましたが、今年はどうですかと尋ねると、出てもワラスボは少ないし、もう歳で脚の具合もよくないから出ないことにした、と言われました。まだアゲマキがたくさんいたころ、潟に出て澪筋《みおすじ》のところを手で探ったらウナギがいたので、夢中になって採っていたら数時間で一〇〇匹近く採れたことがあった、とも話してくれました。このように、干潟にアゲマキなどの二枚貝やワラスボなどの生きものが無数というほど生息していたころは、干潟も耕され浄化されていたはずです。

農作業の合間だけの半生業として、あるいは趣味と実益を兼ねて干潟に出ていた人たちは、アゲマキがたくさん生息していた平成の初め（一九九〇年）までは、小学校高学年からお年寄りまで（沿岸四県で数百人、いや数千人が）、干潟の恵みを受けていたと考えられます。そのため沿岸各地の魚市場には、早朝から地物（有明海で獲れた魚介類）が次々に運び込まれ、何回も競りが行われたそうです。競り落とした地元の鮮魚店の店頭には当然地物が並べられていて、それを地元の人たちが購入したわけで、まさに地産地消で循環していたのです。

▽有明海における漁業の衰退

今まで説明してきたように、広義の有明海は自然条件が多様であるため、それぞれの地先の自然条件に合った漁法・漁具が考案され、受け継がれてきたのです。一方、漁業の近代化に伴い網やロープなどの素材が化学繊維に取って替わり、漁船は高速化し、魚探やGPSの普及やローラーなど網揚げの機材の開発などが重なり、漁業努力が資源の回復を上回ってきているのも事実です。有明海の未来は、様々な悪条件が重なり、自然の状態は悪化する一方で、明るい見通しは立てにくい状況に置かれていることは間違いありませんが、現在行われている有明海再生のための様々な手立ても、残念ながら有効なものは少ないというのが大方の見方です。では、どうすればよいのでしょうか。みんなが関心を持って対処法を真剣に考えるしかありません。漁業者、市民、研究者、行政が一つのテーブルで意見を出し合って、最善の方法を探るしかないでしょう。諫早湾開門調査問題を一刻も早く解決しなければ、有明海の海況は悪化するばかりか、有明海再生はますます遠のきます。

現在の有明海の環境にマイナスの働きをしているのは、国営諫早湾干拓事業の潮受け堤防の閉め切りによる潮流の勢いの減少であることを、漁業者は肌で感じています。島原半島国見町沖では約三〇％流れが遅くなっています。

流速が遅くなるとどのような不都合なことが起こるかというと、まず潮汐（潮の満ち引き）によって生じる潮流を利用している漁に影響が出ます。一潮（一五日間）に一〇日間操業できていたのが、六日くらいに期間が短くなり、当然水揚げが半減するわけです。その上、潮の流れの方向も変わり、思うように魚やエビが入らなくなったのです。また、今までは、海中に漂っていた浮泥の一部は潮の流れによって湾外まで押し流されていたのですが、それが流されなくなって海底の砂州の上に堆積して、良い漁場の範囲が狭められてきています。

タイラギの不漁などはこの浮泥の堆積が原因ともいわれています。有明海の特徴はいつも濁っていることだったのですが、閉め切り以降、小潮のときには泥が巻き上げられず以前よりも透明度が上がってきて、エビ流し網漁などができない期間が長くなってきているのです。潮の流れの勢いを利用する竹波瀬やアンコウ網などの伝統漁法が一番影響を受けています。柳川の地先では、平成の初めごろまでは歩いて入ることができた干潟が、今では潟泥が堆積していて入ると膝上まで潜ってしまいます。メカジャ（ミドリシャミセンガイ）採りの漁場だったのですが……。

有明海から打瀬《うたせ》網漁が消えたのは平成に入ってからでしたが、これも熊本港の建設で航路を有明海のど真ん中辺りから掘削したことから、漁場が分断されて狭くなったためでした。そのころ海苔の漁場も浮流し方式が規模を拡大したため、九月から翌年の四月までは、その区域で操業できなくなったことも廃業の原因です。熊本市松尾要江《ようえ》には一〇隻前後の打瀬船が係留されていたのですが、大きな船は八代海の漁業者が買い取ったそうです。そのため打瀬網漁をしていた漁業者のほとんどは海苔養殖専業になったようです。昭和三六（一九六一）年、嘉瀬《かせ》川の上流に九州最大の北山《ほくざん》ダムが建設されたのですが、その影響で河口部に広がっていた佐賀県一のアサリ床（養殖場）が、砂と栄養塩に富んだ水が流れ込まなくなって、二、三年で全滅したという事実もあります。アサリ床で生計を立てていた人たちは途方に暮れるところだったのですが、たまたま当時は海苔養殖が本格的に始まっていたので、彼らは海苔養殖に切り替えて暮らしを立て直すことができたのです。この話はたまたま佐賀市西与賀でアサクサ海苔を養殖しているSさんから聞いたのでした。

このように、自然を壊し水系を遮断すると、下流とくに海に悪い影響が出るのです。筑後大堰も諫早湾干拓も水系を遮断しています。諫早湾干拓では、調整池の水質が改善されず最悪の状態が続いているにもかかわらず、毎年約四億トン（月に三〇〇〇万トン前後）の汚水を有明海に流し続けています（しかし、佐賀県六角《ろっかく》川河口の河口堰は、漁業者の強い要求もあって開放したままになっています）。この調整池の汚水を浄化しないことには有

写真42　六角川河口堰。いつもは開いたままだが，台風や高潮のときだけは閉める（中尾勘悟撮影）

明海の再生はあり得ないと考えているのですが、諫早湾外の漁業者が有明海の再生を願って開門調査を要求しているのに、国は本気で対応していないように見えます。また、長崎県と干拓地に入植している農家は、塩害が発生する、と激しく開門調査に反対しています。

有明海は面積一七〇〇平方キロの内湾に過ぎませんが、橘湾、天草灘を介して東シナ海につながっています。有明海に大きな赤潮が発生したときや、調整池の汚水が大量に放出されると、魚やカニ、エビなどは、天草灘や橘湾へ移動します。また、有明海はトラフグなど外海性の魚の産卵場であり、揺籃の場所でもあります。一九五〇年代までは、大牟田沖の竹波瀬に大きなマダイやブリが入っていた、と柳川市中島の古老が話してくれました。このまま有明海の海況が悪化すれば、東シナ海の漁業資源にも影響が出てくるかもしれません。日本の沿岸だけでなく韓国・中国沿岸の環境破壊は相当進んでいます。三国共同の黄海、東シナ海の総合調査が待たれます。

最後に太良町竹崎で鮮魚運搬業を九〇年にわたって営んでいる「山城丸」を紹介して、有明海の漁業の推移をみてみたいと思います。数年前までは山城丸（八・三トン）で諫早湾口周辺で獲れた魚介類を、毎朝早く大牟田の魚市場まで運んでいました。ところが平成に入ったころから積荷が減りはじめとくに諫早湾が締め切られてからは、積荷が半減したそうです。その後も年々減少し続け、最盛期には五〇〇箱あったのが、今では一〇分の一の五〇箱になっているそうです。ここ数年は燃料の高騰もあって、運行を隔日にしていると社長が話してくれました。このように漁獲量が減少すると、関連した産業・造船所、エンジンを扱う鉄工所、漁具や網を販売する業者も、そのあおりを受け廃業や撤退に追い込まれるのです。おそらくその数は今では昭和のころと比べれば半減しているかもしれません。地域経済へのダメージは想像以上です。

第3章

ＮＰＯ法人「ＳＰＥＲＡ森里海・時代を拓く」の誕生

1

メカジャ倶楽部から NPO法人SPERA森里海・時代を拓くへ

内山耕蔵

二〇一〇年九月のある日、田中克先生より一本の電話があり、「有明海再生シンポジウムを開催するため、二〇〇名程が入れる会場を探してほしい」との依頼でした。元来、コンサートなどのイベント物は手馴れていたので二つ返事でお受けしました。

一〇月三〇日、柳川市三橋町公民館にて「第一回有明海再生講演会・森里海連環に基づく有明海再生への道」と題して開催されました。今まで事あるごとに手伝ってもらっていた仲間の協力を得て、シンポジウムを成功裏に終えることができました。しかし、私はもちろん他の人も、環境のことなど全く関心がないと言っても過言ではない人たちばかりでした。シンポジウムが終わればお疲れさん、お役目ごめん、といった雰囲気であったのです。この時、便宜上必要と考え、独断的に決めた名称が「メカジャ倶楽部」となった所以《ゆえん》です。ところが、この得体の知れないメカジャ倶楽部は死に絶えず、生き延びる運びとなりました。

一一月某日、再び田中克先生より電話があり、「第一回有明再生キレートマリン研究会を当旅館（宰府屋《さいふや》）で執り行うので、シンポジウムに協力して下さった方々に集合をかけておいていただきたい」との依頼でした。何が始まるのか皆目見当もつかないまま、自称メカジャ倶楽部のメンバー、二〇〇八年頃から市内柳城中学校周りの掘割でキレートマリンを設置し水質調査を一人で頑張ってきた大坪鉄治氏、長年有明海太良町で潜水漁を営み、不漁となった現在はアサリ漁に従事している平方宣清氏が参加することになりました。会合は、フルボ酸鉄を利用して、悪化した漁場での食物連鎖と物質循環を正常化

写真43　さいふや旅館の喫茶室に並べられた，数年間も水換えなしに水草が元気に育ち，魚たちが泳ぎ回る水槽

させ、漁場環境を改善する道を開き、今までにない試みをやろうといった内容でした。

大坪鉄治氏によるキレートマリンの解説が一区切りつき、実験場所を決定するのに、喧々囂々《けんけんごうごう》意見を出し合いました。ところが突然、不漁に苦しむ平方宣清氏が「私がやります、是非私の漁場でやらせてください」と、淡々とではあるが力強く宣言されました。まさにこの決断が私にとってはエポックメイキングだったのです。

また、この出会いが後のNPO法人「SPERA森里海・時代を拓く」へと続く源流となりました。あるいは芽吹きとも言えます。メカジャ倶楽部では、大坪鉄治氏を中心に市内にある高畑公園三柱神社の池にキレートマリンを設置したり、大木町の要請でフルボ酸鉄を利用して河川浄化をする勉強会に参加するなどの動きが始まりました。

二〇一一年三月五日には「第一回有明海再生研究会」（京都にある国際高等研究所）にほとんど無知な状況で参加することになりました。その頃から少しずつではありますが、自然と人に関することに興味を持ち始めてきました。

日々の活動と並行してキレートマリン・パワーの実証に役立つと思い、柳川の掘割に生息するタナゴ、スジエビ、ザリガニ、ドンコ、ヨシノボリ、カナダモ、カワニナなど、併せて太良町アサリ魚場で採ってきたカニ、エビ、アサリ、ハゼその他、魚貝などの水槽飼育を始めました。

淡水水槽での、水草の成長はめざましく、青々として、魚たちも当然元気に泳ぎ回っています（写真43）。見学に来たすべての人が驚嘆するのです。水槽飼育は、今後の活動の切り札となる、末吉聖子さんというメカジャ倶楽部にとっては強力な人材を得ることになりました。彼女はメカジャ倶楽部のアイドル的存在なのです。

二〇一一年三月一一日、東日本大震災。メカジャ倶楽部は市内の昭代第二小学校でフルボ酸鉄の課外授業に出向いていました。私たちが小学生の子どもたちと平穏な自然と楽しく過ごしていた頃、東日本の子どもたちは荒れ狂う自然の中にいたのです。自然が人間に与える不条理なのでしょうか。

写真44　2011年４月19日，有明海の干潟再生実験の出発となったの佐賀県太良町で作業終了後に行われた懇親のバーベキューを楽しむ参加者

二〇一一年四月一九日、いよいよメカジャ倶楽部が大きく動き出す日がやって来ました。大学研究者、事業者、漁師、市民総勢三十数名の参加者で、平方宣清氏の太良町アサリ漁場に縦横四〇メートル四方にキレートマリン四〇〇個を設置しました。干潮時の作業という時間的制約があり、初体験の作業でちょっとしたミスもありましたが、無事四〇〇個のキレートマリンを設置し終えました。堤防での打ち上げバーベキューは実に良き思い出になりました（写真44）。その時の平方宣清氏の笑顔が最高に輝いていたのを忘れることができません。私自身はフィールドに出る楽しさを知り、以前よりまして自然に対する興味が湧き始めました。

メカジャ倶楽部には、向こう約二年半をかけ実験調査行う研究者、吉永郁生氏（当時京都大学）、笠井亮秀氏（京都大学）、横山寿氏（当時養殖研究所）、京都大学院生（藤永承平氏・大久保慧氏）他のモニタリング作業を全面バックアップする活動が加わりました。

二〇一一年六月二五日、メカジャ倶楽部活動のもう一つの柱、シンポジウム開催地を森里海連環学の森に位置する大分県日田市で行うことになりました。日田市は天領地で、林業の盛んな地域です。柳川に隣接する木工の町大川とは昔より交流のある地でした。かなり昔は日田から丸太を運搬するため、筑後川を利用していたのです。私の幼少期には丸太を運搬するのに、馬車やトラックが頻繁に柳川を通っていたことをよく覚えています。

「第二回有明海再生シンポジウム・日田の森は有明海の魚附き林」と銘打って開催されたシンポジウムは、日田市文化会館「パトリア日田」小ホールに四〇〇名以上の参加者で、満員札止め大盛況でした。大分県西部流域活性センターの全面的協力を得て、また大分県知事、日田市長、市役所、青年会議所、日本文理大など行政と、市民の協力があって成し得たのです。日田市民の環境に対する関心度の深さには感動を覚えました。日田市長（当時佐藤陽一氏）にお会いした時述べられた「川上の人々は川下の人々のことを思い、自然を大切に生活を送らなければいけません」は、川下に生活する私には今まで思いもよらぬ教えでした。この時私は、田中克先生の提唱する森里連環学の真髄を垣間見た思いがしました。

写真45　「メカジャ倶楽部」の名の由来である“生きた化石”的存在の有明海準特産種ミドリシャミセンガイ。有明海の郷土料理の食材として利用されているが，近年減少し小型化が著しい

二〇一二年一一月二三日、日田市のシンポジウムでお世話になった高野新一氏との連携で、大分県日田市中津江村にて「中津江200海里の森づくり座談会」を行いました。二〇〇〇年より始まった「中津江村の200海里の森づくり」のリーダーである坂本休氏（当時の中津江村長）、田島信太郎氏（田島山業社長）他林業を営む方々、有明海漁師・甲斐田寿憲氏、遠路より長崎県小値賀町の小辻隆治郎氏他三名の町会議員、森里海各地域の方々が集い意見交換を行いました。この時、林業を生業にしているある方の「山と海とでは、時間軸が違う。木一本成長するのに五〇年というスパンで考えなければいけない」との発言は印象的でした。この間、八月には九州経済フォーラム創立二五周年記念シンポジウム in 熊本に、キレートマリンを使った太良町アサリ漁場実験の状況を主にして、展示ブース参加する機会に恵まれました。

四月より月一の間隔で実施されている有明海再生研究会の干潟、筑後川水質調査支援は、メカジャ倶楽部の重要な活動として定着していきました。

しかし、この頃もまだ、活動に参加してくれる人たちはしっかりと動いてくれるが、メカジャ倶楽部の一員としてのはっきりとした認識はなく、ただ「メカジャ倶楽部」という名前だけが飛び交う市民権のない状況でした。シンポジウムの開催時は「みらいの森里海研究会」というもう一つのグループ名を持っていました。時々周りの人からの「メカジャ倶楽部とは？」との問いに対して、説明に窮することも多々ありました（写真45）。

二〇一二年五月一〇日、第三回有明海再生シンポジウム「福岡市民とムツゴロウはお隣さん」を福岡市民会館小ホールで開催しました。福岡市は一級河川が市内を流れていないなど水資源確保に苦慮している都市でした。筑後川は福岡市の水資源確保の一端を担っていることもあり、平日にもかかわらず多くの方に参加いただきました。また様々な環境問題に関心を持っている方々も多く見受けられ、お互いに協力していく合意ができ、メカジャ倶楽部もまた一歩前進する機会になりました。

翌六月には韓国麗水で開催中の国際海洋博覧会に出向き、順天干潟を見学する機会に恵まれました。干潟ではムツゴロウが人が近づいても驚く様子もなく動き回っているし、群生するヨシが作る模様は言葉で言い尽くせないほど人々を魅了するすばらしさでした。誰かが、諫早干潟辺りも昔こんな様子であった、と感慨深けに呟いていました。果たして有明海もこのような干潟にできるだろうか？

二〇一二年秋、有明海再生研究会の太良町アサリ漁場での調査、筑後川水質調査なども一区切りの時を迎えることになりました。調査結果と言えば、際立った改善が見えるところもあるが、総じて言えば、自然はそう簡単には改善できないと改めて思い知らされました。

しかし、私自身はかえって諦めずにチャレンジしていこうという気持ちが芽生えたのです。この頃になると、月一の調査支援はなくなりましたが、大坪鉄治氏を旗頭にキレートマリンを利用して掘割の水質改善化、食物連鎖の健全化による環境の改善に向けての活動は続けていました。また、従来からの田中克先生の意向でもある有明海筑後川河口域での実験地も探していました。

そんな折、浜武漁協の漁師・荒巻弘吉氏（福岡県有明海区海業調整委員でもある）に巡り会いました。彼から「どうせやるならアサリではなく、アゲマキにしたらどうか」という提案があり、私たちも賛同しました。

しかし、アゲマキにはいくつかの問題点がありました。まず、アゲマキ自体が絶滅状態で手に入らない。佐賀県の水産研究所でアゲマキ養殖実験に成功はしていましたが、他県という壁もあり、アゲマキを手に入れることが困難でした。それと、かなり悪化した干潟に貝を放流してもすぐ死滅してしまうという点でした。

結局、現状の有明海干潟では、まず干潟泥質の改善を目標にすることが先決である、との結論に至りました。柳川漁連関係は荒巻氏に動いていただけることとなり、再生実験地の許可を得る交渉の突破口を開くことができました。

二〇一三年初春になり、田中先生から、瀬戸内海を中心に、カキ殻を利用しての干潟・アマモ場再生に携わり続けてきて大きな成果をあげた、ＮＰＯ法人里海づくり研究会議事務局長の田中丈裕氏（元岡山県水産課課長）の紹介がありました。二〇一三年二月一日、田中丈裕氏を迎え、福岡県柳川市図書館会議室でカキ殻による漁場改良セミナーを開催することになりました（写真46）。参加者は三十数名程でしたが、ほとんどが漁師の方々で、質問コーナーになると堰を切ったように意見・質問が飛び交い〝激アツ〟のセミナーとなり、有明海の現状の深刻さがひしひしと伝わってきました。

写真46　田中丈裕氏（NPO法人里海づくり研究会議事務局長）を柳川市に招いて開催された第１回「カキがらによる漁場改良セミナー」

このセミナーを期に、大和干拓矢部川河口域の実験調査に強力な助っ人、漁師の古賀春美・田中安信両氏を知り得ることができました。この年の年末に、二〇一〇年一〇月頃より約二年間、メカジャ倶楽部として活動してきましたが、内山里美（現ＮＰＯ法人ＳＰＥＲＡ森里海・時代を拓く理事長）の強い決意と他の皆さんの賛同を基に、任意団体からＮＰＯ法人化の方向へと歩み始めることとなりました。

終わりに、少しだけ田中克先生と私のことについて記します。実は当初、二人は今ほど親密なものではありませんでした。年数回、有明海の稚魚調査のために、当宿を二〇年来ご利用いただいていましたが、もっぱら家内が先生の接客を担当していました。私といえば、通り一遍の挨拶をする程度でした。しかし、いつもいただく京菓子のお土産を楽しみにしていた私にとっては、すごく気になる大事なお客さんといった塩梅でした。振り返ってみると、ただシンポジウム会場探しを引き受けるだけと思っていた私が、まさかここまで深く足を入れてしまうとは全くの想定外でした。

人生六十数年過ごしてきて、田中克先生の提唱する森里海連環学を知り、自分なりに自然と人との関わりについて理解し、今までとは違う価値観に気づいたことは幸運でした。

自然と人との関わりの難問は、そうそう答えが出るものではありません。しかし今の私は、多くの人々と語り、またフィールドで活動し、少しずつ前進・増殖していくことをライフワークとしたいと願っています。

2

NPO法人「SPERA森里海・時代を拓く」の目的と思い

「SPERA森里海」の向こうに

内山里美

GO! フィールド

ふと、子どもの頃の記憶をたどり、ザリガニ釣りをした母校の神社の水汲み場に足を運んでみました。風景は少し変わっていたものの、心和む懐かしさを覚え、水辺に目を向けると、思っていた以上に水路の水が綺麗なことに驚きました。ザリガニや魚はいるのかなぁとの思いにふけりながら歩いていると、その先には黒く澱んだ小さな池があり、後日キレートマリンを四個投入しました。

三年前から楽しく環境活動に参加していたメカジャ倶楽部の思いを受け継ぎ、森里海連環学を基本理念として、「心の森づくり」をテーマに、二〇一三年四月一日にNPO法人「SPERA森里海・時代を拓く」を立ち上げ、水辺環境の再生と子どもたちの環境教育、また有明海再生に取り組んでいます。

SPERA(スペラ)とはラテン語で「希望・信頼」という意味です。これから未来を担う子どもたちが「希望」の持てる社会、自然や人や命あるすべてのものに、優しさや安心や安全を感じられるような「信頼」が持てる世界、自然と人、人と人がつながっていく癒しの宇宙空間を創ることがSPERA森里海の目指すところです。

GO森! GO里! GO海!

じゃあ、今日から何をすればよいのか? 私が始めたのは、自然に触れること。

写真47　膝上まで沈む軟泥干潟に率先して足を踏み入れ，その感覚を楽しむ内山里美

風を感じ、生きものの生命力を感じること、貝の呼吸や魚の視線に微笑を浮かべ、森林のイオン・シャワーの中で植物の息吹や雑草の力強さを感じることで、自然の生きものたちからの癒しの贈り物の「トキメキ」がキラキラ輝いていることに気づきました。それに。少しずつですが体力がつき、自然の空気を全身で吸い、吐くことで身体に溜まっている老廃物がすべて外に出ていく感覚があり、何よりも知力が高まり嬉しいことづくめです。

また主婦である私は、洗剤の量を減らすことを考え、キレートマリンを家庭の排水口に入れることを始めました。こちらは着実なヘドロの減少と硫化ガスの臭いの軽減がみられます。もちろん、ＳＰＥＲＡの事務局となっていますさいふや旅館の喫茶室には、三年前から水槽に柳川お堀のタナゴやドンコ、エビやカマツカを飼っています。水槽の掃除や水換えを行わないでも、お魚たちは毎日元気に泳いでいます。自然な河の状態を再現するため、腐葉土、流木、水草、魚、貝、日光を採り入れ、食物連鎖を潤滑にするために「魔法のキレートマリン」も入れています。

とても奥深く難しいことですが、「心の森づくり」とはトキメキと信頼の苗を自分のハートに植樹することだと思います。なかなか実行に移せないでいることや、ついつい先延ばしにしているものをひとつひとつクリアーにしていくことが、トキメキと信頼の苗を成長させるエッセンスと実感しています。背伸びをせず、自分に正直な気持ちで、嘘のない日々を過ごすこと、負の要因と感じること、苦手なことにあえて挑戦し、失敗しながらもプロセスを感じながら、工夫をこらして目的を成し遂げることなど日々挑戦の生活です。

世代を超え、自然の生きものを通してつながること、今日の喜びを明日につなげる思い、嬉しいと感じること、楽しい時間を過ごすこと、生きる喜びとの同居こそが、ＮＰＯ法人「ＳＰＥＲＡ森里海・時代を拓く」の目指す課題です。

具体的な目標は、「有明大学・有明海水族館」を創っていくこと、多くの仲間たちと楽しく、トキメキと信頼の学びの空間を実現化することです。

皆さんも一度、有明海のムツゴロウやシオマネキに会いに来てみませんか。

想い出から未来へ

甲斐田寿憲

有明海、いつの頃だろうか？　この名前を聞くようになったのは。

私の家は、昔から海に出て生計を立てていました。主に赤貝やアサリ、それに海苔なども採っていました。

私は、有明海という言葉を聞くことなく育った記憶があります。

私が母親に「お父さんは何してるの」と聞くと、今海に行ってるよ（母ちゃんに、父ちゃんはなんしょっとと聞くと、父ちゃんな海さんいたとんなはるばい）。有明海に行っている、という言葉は帰ってきません。それでも仕事に行ってるんだな（しごちいたとんなはるとばいな）と納得していました。幼い頃から家の裏手の浜で遊ぶことが多く、だいたい一人で遊んでいました。家の裏には川があり船着き場がありました。

沖の端川――いつのことだろうか？　この名前を聞くようになったのは。

幼い頃から裏の川を、塩川なのか汐川なのか解らないが「しおがわ」と呼んでいた。今も呼んでいますが、しおがわでは幼い頃、よく泳いだり、潟にいる蟹を捕まえたり、潟の中を歩いたり、よく遊んだ記憶があります。川自体とても綺麗だとは言えない汚い感じでしたが、いったん入ってしまうととても心地よく、ヌルヌルしていたような記憶があります。周りに落ちていた木切れや何かにつかまって遊んだり、流されそうになるとよく葦の葉に助けてもらいました。

小学生になると魚釣りもよくしました。狙いはウナギですが、これがなかなか釣れず、釣れるのはいつも的外れのフナにナマズ……。

少し離れた所におじさんが釣りに来ると、時間もかからずすぐに釣り上げる。勿論ウナギ……すかさずこそこそ近寄っていき釣りますが、釣れません。そこでおじさんに質問です。何故僕たちのには釣れないの（なしけんおっどんがつはつれんとね）と。するとおじさん、静かにしていないからだ（だまっとかんけんた）と？　魚に声が聞こえるのかと納得したようなしないような。

高校を卒業して父親の家業（漁師）を継ぎ、海（有明海）に行くことにしました。
最初は右も左もわからず戸惑いの連続でした。その頃の漁法は、海の中に入って採る「入り方ジョレン」と言うやり方です。別の地区では「わっしょい」と言うところもあります。名前の通り海に入って足先で貝を探って採る方法です。私の最初の仕事は、父親が採った貝を船に移す作業でした。これがまたつらい仕事で、移し終える前に次のやつを持ってくるというような感じで、結局父親もやらなければならないはめに……私の力不足で。
私が海に入って最初に感じたのは、海底に足が着いた時に、毛足が長いじゅうたんの上に立っているような感じがしました。父親に、これはなんですか（こらなんかん）と聞くと、アサリだ（アサリげた）と。その時のアサリの量というのはとても言葉では説明できないような量と感覚でした。もうかれこれ三十数年前の話ですが、あの頃は本当にたくさんの生きものが海にはいました。アサリに魚、蟹、とても豊かで潤いのある海でした。
いつの頃からか、三池炭鉱の後遺症により海底が陥没し始め、今まで砂地だった所が泥へと変わり、アサリなどが生息しなくなりました。陥没した所に砂を入れて埋戻しをしますが、すぐに沈んでしまいます。干潟になっていた所がだんだん無くなり、海の中に入って採ることもできなくなった所があります。
筑後大堰ができた頃から筑後川の潮流も衰え、砂が海に流れ出てくれなくなったように思います。以前、筑後川に船を浮かべていた頃は、岸から箱舟で漕ぎ渡っていました。一度船を摑みそこねるととめどなく流されていくこともあり、また、川の流れが速くて沈みかけたこともありましたが、今ではそんなことはないようです。
私が漁師になって三十数年たちますが、昔の面影がだんだんなくなっています。以前は冬になると渡り鳥が干潟一面に止まっていましたが、今では岸辺にまばらに止まっているだけで、鳥の種類も減ったように感じます。
これには色々なことが良い方にではなく悪い方に働いたからだと……。
漁民は　海苔の酸や乱獲など
町の人たちは　生活排水やゴミの投棄など
山の人たちは　消毒液や化学肥料など
少しでも減らしていけたら
このようなことが先に進まないように、ＮＰＯ法人ＳＰＥＲＡ森里海・時代を拓くのメンバーや大学の先生たちと海の水や干潟を改善していき、海の生きものを復活させ、地域社会に貢献できるよう活動していきたいと思っております。

SPERA森里海時代を拓くでやっていることを多くの人に理解していただき、我々の力でもっと有明の海の現状を理解してもらい、良くなるようにと考えてもらえるようにできれば、きっと昔のような……潤いのある海に近づくのではないでしょうか。

始まりの話

末吉聖子

私が有明海再生のプロジェクトのお手伝いに参加していると言うと、皆さん決まってこう聞いてこられます。

「なんで?」、「何がきっかけで始めたと?」と。

熱い情熱があって始めたわけではなく、自然大好き! アウトドア命! なわけでもないので即答できずに困ってしまっていました。改めて「なんでやろ?」と考えてみたら、一番大きな理由は「楽しいから」だと思うのです。

遊びの延長のようにして始まったメカジャ倶楽部。これがSPERA森里海の前身ですが、そのリーダー的存在のマスター(内山耕蔵)から、「さとこちゃん、エビ飼わん? 水換えとかせんでいいばい。水槽買ってこんね」と言われ、エビ命(食べるの専門)の私は、ホイホイと水槽を買い、マスターにエビと腐葉土と水草とキレートマリンをもらってルンルンで帰ったのが始まりです。

このキレートマリンを入れることによって、水が綺麗なまま保たれ、本当に水を替えることなく過ごせるのです! これは私にとって驚きと手間をはぶけて楽しめる喜びでした。

もう一つ、これも大切な要因だと思っていることがあって、小さい時に私は有明海の潟でドロドロになりながら小さな蟹をつかまえたり、雨蛙を集めて学校に放したりして遊んでいました。その楽しい思い出がしっかりと残っているのです。また、おじいちゃん子だった私は小さい時に「地球を汚したら天国には行けないから、物を捨てたりしたらダメだよ」と教えられていて、学生まではポイ捨てしない、大人になってからは洗剤の害などを

写真48　春の穏やかな一日，柳川の水郷を行き交う船下りのお客さんの祝福を受けながら嫁ぐ末吉聖子

知って、有機分解する日用品を使って満足していたのです。

そんな私が、キレートマリンとそれを使って有明海を元気にしたいという活動をし始めた田中克先生に出会いました。それもマスターの紹介で。何気ない会話や質問に対しての先生の答え、これがまた実に興味深くおもしろいのです。

蟹とりの楽しい思い出とおじいちゃんの教え、プラス、キレートマリンを使っての驚き、おもしろいマスターと頭の良い先生……「これは何だかおもしろくなってきたな!!」と意識はしていませんでしたが、そう感じ取って自然と参加し、やれる範囲で活動を続けているのだと思います。

楽しい実体験。私たちSPERAはこれをとても大切にしていきたいと考えています。そして小さな頃にたくさん自然の中で遊ばせて、学ぶことが大事だと考えています。

私はこの前スリランカで、野生のゾウの群れを見て感動しました。肌は黒くてツヤツヤで、元気に草をシュパッシュパッと刈るように鼻でむしって食べていたり、ジャレて鼻をからませて転がったりしているんです。動物園で見るのとは全然違うのです！　そういうのを見て、その価値を理解したら、利益ばかり求めて森を伐採したりはできなくなるのではないだろうかと思うのです。

だから私たちは、子どもたちを有明海に連れて行って泥んこになって一緒に楽しく遊んだり、有明海の価値を伝えていきたいと思っています。そうしたから有明海がすぐに良くなるとか再生につながるとは言いませんが、確実に心に種を、自然と共存するということを考えるきっかけを残すことはできると思います。

自然の楽しさや素晴らしさを知らない人に自然保護を訴えたところで、返ってくる反応は他人事です。でも実体験を持っている人は違うような気がします。そしてそれを行動に移すかどうかは教育ではないでしょうか。

知らないことを知って、それが自分の力で少しは変わるとしたら？

思わず動き出す人はいると思います。自分のできることをできるだけ、自然と共に生きることを意識する生き方をするだけでも、世界は全く変わってくると私たちSPERAは考えています。

楽しく、おもしろく、自然と生きることを私たちと考えていきましょう。

明日の種をまく

堤　弘崇

「海を恨まない」と言う森は海の恋人の畠山重篤さんだけではなく、東日本大震災で大きな被害を受けた漁師さんたちのインタビューを見てみると、同じようなことを言われていることに気付きます。数えきれないくらいのかけがえのないものを失ってもなお、「明日がある」と思えるのは、豊かな海のある限り故郷は再生できるという希望があるからでしょう。

ひるがえって有明海はどうか。「今年のクラゲを採り尽くしたら、来年は何を採って暮らせばいいのか分からない」という漁師の声。豊かな森を造るという数十年のビジョンだけでは十分ではなく、来年も何とかなるという、小さくとも確かな灯はまだ見えていませんでした。

ラテン語の希望（spera）をその名に持つＮＰＯは、そんな瀕死の有明海の傍らの柳川市に生まれました。第一回の有明海再生シンポジウムを数カ月後に開催する、ということで急遽集まった「知り合い」を中心に、数回のシンポジウムや実証実験や調査を行う中で広がった輪の中で法人化することになりました。

およそ環境ＮＰＯでは都市部でもなかなか見かけない梁山泊の住人とでも言うべき多士済々が集うのは、長らく旅館と喫茶店をされてこられた理事長夫妻のお人柄による縁でもあります。メンバーに限らず、事務局に立ち寄る様々な人が織り成す会話は、パレット（palette）で絵具を混ぜるように思いもよらない色合いのプロジェクトを生み出しました。そんなプロジェクトの縁の中でも、地元の高校の生物部とのＮＰＯと大学との協同ができることになったのは、次世代の育成や調査活動の継続という点で大きな前進となりました。

資金や人員、時間などで制約の多い小さなＮＰＯが有明海を「救う」ことができるかと言えば、非常に困難なことでしょうが、ＮＰＯの存在が有明海の「救い」であることは確かです。生態系の中に欠けているのは「フルボ酸鉄」かもしれませんが、いま有明海に関わる人々が失いかけているものは「希望」であり、それを再び灯すものは、諦めずに前に進む人の懸命な姿や熱意だということを我々は畠山さんから学びました。

　これからも起きる様々な困難（aspera）を希望（spera）に転換していくためにも、NPOが多くの人のつながりを紡ぎなおし、理にも情にも適うような事業を進めていけるように、微力ながら後押しをしていきたいと願っています。

有明海鉄道・キレートマリンFe2号物語

大坪鉄治

　平成二三年四月一九日、有明海で初めての水上列車が就航しました。始発駅は、佐賀県太良町の平方氏のアサリ養殖漁場でした。

　地主の平方氏の思い入れは、出発当時、「信じるものは救われるだろう」と、この列車に運命を託されたと思います。

　時は二年過ぎ、アサリの再生が断ち枯れしたかと思われた二年と一カ月、平成二五年五月には四世代のアサリが確認でき、平成二六年春には久し振りの潮干狩りが開催されるのではないかと現状復帰が希望されています。

　また平成二五年七月七日には次の目的地、福岡の大和干拓護岸沖の干潟再生実験が開始され、列車の応援客も高校生、大学生、漁業者と増員しており、生物再生の結果も、九月七日の二カ月目には想像以上のスピードで回復しております。

　ヘドロの硫化ガスの軽減に応じてカニ、エビ、ハゼクチなど、大きな魚たちの餌になる餌料生物たちが増殖し始めたのです。

　人間が少し手を加えることで自然が再生活動を始めるしっかりとした実証実験が、市民行政に認められ、全国の漁場に第二、第三のキレートマリン号を送り込みたいです。

森里海連環学との出会い、そして実践

富山雄太

　私と森里海連環学との出会いは、二〇〇七年に発行さ

れた『森里海連環学――森から海までの統合的管理をめざして』という書籍でした。当時から森と海のつながりの重要性は感じていましたが、実際にそれを学問領域としてまとめあげた書籍と出会い、大変感銘を受けたことを覚えています。そして現在、その本の著者の一人であり、森里海連環学の提唱者である田中克先生と、ＳＰＥＲＡを通じて出会うことになりました。森里海のつながりだけでなく、人のつながりも面白いものだなと感じています。

さて、森と里と海とのつながりを考える上で、私の興味は、それらを実際に「何」がつないでいるかという点です。水によるつながり、風によるつながりなど様々ありますが、私が特に興味があるのは生きものによる物質のつながりです。生きもの同士は「食う―食われるの関係」でつながっており、その関係を通じて森里海をつないでいます。私はＮＰＯ法人ふくおか湿地保全研究会の会員でもあり、その団体で行っているクロツラヘラサギという渡り鳥の保全活動の実践を通じて、森里海のつながりを実感しました。それを少し紹介したいと思います。

福岡市が隣接する博多湾には、渡り鳥クロツラヘラサギ（絶滅危惧ＩＢ類、環境省ＲＬ）が毎年飛来します。多くの個体は博多湾を中継地として利用しますが、三〇～四〇羽程度の個体は越冬地として利用します。博多湾は大都市に隣接しながらも、生物多様性の豊かな河口干潟・前浜干潟を有しています。秋～翌春の間、そのような干潟でクロツラヘラサギは主に餌を採り、休息しています。多々良川河口干潟において観察を続けていると、冬の間は干潟でほとんど寝ていて、夕刻になるとどこかに飛んでいくという行動が観察されました。なぜ干潟で餌を食べないのか、クロツラヘラサギはどこに飛んで行くのか。

観察だけではこれ以上のことは分からないので、実際にクロツラヘラサギが捕食していると思われる生物を毎月、地引網で採集してみました。すると、冬の間は魚類やエビ類の生物量が極端に少ないということが分かってきました。さらに、飛んでいったクロツラヘラサギの追跡調査から、七キロ離れた山の麓の森に隣接する溜め池に行き、採餌していることが分かりました。その溜め池の生物を調査したところ、トウヨシノボリ、ブルーギル、テナガエビなどが生息していることが分かりました。

これらのことをまとめると、多々良川河口干潟のクロツラヘラサギは、干潟に餌が少ない冬の間は干潟で寝ていて、夜になると餌のある山の麓の溜め池まで餌を採りに行っていると考えられます。そしてクロツラヘラサギはねぐらである河口干潟でも糞をします。これを森里海のつながりという観点から見てみると、クロツラヘラサギは森や里の栄養（ため池の餌生物）を海域まで糞という形で運んでいる、栄養の運び屋と言えるでしょう。その運ぶ栄養の量などは推定できていませんが、クロツラヘラサギが森里海をつないでいるという事実は大変興味深いものでした。

現在、様々な場所で生きものの生息場所の分断化、すなわち連環の断絶が生じています。前述の例である鳥類は、自らの意志で様々な場所に飛んで行くことができますが、多くの生きものにとって行き来しづらい世の中になっています。私はそのような状況を解消し、生物が自由に行き来でき、物質がダイナミックに移動し、森里海が縦横無尽につながれるような自然環境を保全再生したいと考えています。そして、そのような自然環境は人間へも豊かな恵みをもたらし、人間社会に必要不可欠なものだと信じています。ＳＰＥＲＡの仲間や他の人たちとのつながりを通じて、一歩ずつ歩みを進めていきたいと思います。

母なる海・有明海　私の記憶

甲斐田智恵美

私の実家の周りには田んぼが多く掘割がたくさんあり、よく堀でザリガニや小魚を採って遊んでいました。以前は掘割の岸辺には笹なのか葦なのか分かりませんが、たくさん生えていました。それをかき分け、泥の上で釣ったり橋の上から釣ったり、とても楽しかった。水もきれいでザリガニや小さな小魚、メダカ、ハヤの姿がはっきりと見えていました。

今では実家の周りも家が増え、掘割も整備され、釣り遊びどころか四角いコンクリートに子どもたちが近寄るのも危険な感じがします（本当は遊ぶ所じゃないのは分かって遊んでいましたね。家に帰ると、堀で遊んだらだめですよ、と怒られました）。昔は遊ぶ所もなく自然の中で遊ぶしかなかったですから、コンノ（稲刈り）の終わった田んぼや掘割は楽しい公園でした。

　現在の掘割の中を覗いてみると、汚くよどんでいます。中には赤黒く染まって悪臭を放っている所もあります。この赤黒いのが、海苔を板海苔にする工程で出てくる残液だそうです。とても臭くてかげません（私の実家も数年前まで海苔を養殖していたので、あまり言いたくはないのですが）。それに生活排水、洗剤が混じり白く濁った汚い水。このような状況がこのまま続くなら、柳川の掘割から生きものが消えてしまうのではないでしょうか。

　このように汚れていくのは掘割だけではなく、沖の端川に流れ出し、川、そして最後は、母なる海・有明海へと流れて行き汚してしまい、自然環境の悪化へと繋がっていくのでしょう。このままでは私たちが幼少期の頃遊んだ場所が無くなり（今も少なくなっていますが）、思い出の場所が記憶に変わっていくのでしょう。

「NPO法人SPERA森里海・時代を拓く」の力でこのような自然破壊、環境破壊などを防いでいき、最近は家の中で遊ぶ傾向にある子どもたちも外に出て（昔には帰れないので）、昔のように自然の中で楽しく遊んでいけるようになればと……。

　未来ある子どもたちに自然の大切さや大事さを学んでもらい、大事な自然がなくならないように大切にするという気持ちを持ってもらえるような　活動をしていけたらと考えます。

SPERAと森里海と有明海

武藤隆光

　有明海再生シンポジウムには、前回の第三回（二〇一二年五月一〇日）から参加しています。

　前回の福岡シンポジウムは、平日にもかかわらずたくさんの方々がお見えになり、環境問題に関心のある人々の多さに驚かされました。

　しかし、年齢層が高めで、若い人の姿は少なめでした。でも今回の久留米・第四回有明海再生シンポジウム（二〇一三年八月四日）では、若い人や大学生、高校生の姿も多く見られ、森里海連環学を次世代につなげていく方向性が見えて嬉しく思っています。

次回、第五回のシンポジウム開催には、たくさんの地元漁師のみなさんに参加していただき、有明海再生に向け、市民、県民、国民へと広がりを、また行政や研究者の先生方ともつながりながら、有明海問題を全国区に広め、多くの方にアピールしていきたいと思います。

自然界の財産を未来の子どもたちに

鐘江　淳

昔、熱帯魚ブームが訪れた時、話題にもなりました肉食ピラニアナッテリーに興味を持ち、本当に肉を食べるのか、自分自身で飼育したいと購入してみました。

人間が食べる肉は食べませんでしたが、乾燥エビ、クリルを最初は与えていました。小さいピラニアナッテリは中々大きくなりません。ショップに問い合わせたところ、生き餌を与えて下さい、と言われました。

生き餌とは人間界では残酷ですが、自然界では極《ごく》当たり前の連鎖です。小さい魚は大きな魚から食べられ大きな魚は人間が食べる、そのものでした。初めて生き餌を投入しました。ピラニアナッテリーに小赤、金魚見たいな魚を水槽に入れました。すぐ食べるのか観察していましたが、中々食べません。お腹が減っている時は小赤を追い回します。初めて食べるところを見ました。尻尾から食べます。時には胴体半分で小赤が生きて泳いでいる姿には気が引けました。

生き餌を与え始め、約二〇センチ位に成長したピラニアから私の自然に対する出会いが始まりました。今では、アクアリウム水草を主体に、流木や溶岩石に水草を巻き栽培、展開させ、オークション出品をしています。また、子どもと川に出向き、色んな生きもの、水草の観察を楽しんでいます。

このように、私とSPERA森里海は里の分野、川でつながっています。メダカや熱帯魚、ミナミ沼エビ、筋エビ、ヤマト沼エビ、色んな生きものが川にも生きています。ミナミ沼エビだけ取り上げますと、同じ場所に生息している場所で大きさも色も違います。茶色、薄い青色、ブラック、黄色など、色も様々です。メダカは減少しほとんどいませんが、ハヤみたいな魚と群がっている中をよく観察すると、黒メダカが泳いでいます。

未来の子どもたちに、どうしても残さなければならない自然界の財産です。私はメダカの孵化、エビの孵化なども未来の子どもたちに学んで欲しいと思います。SPERA森里海は私の生涯の活動の場所と考えています。

SPERA森里海入会記

畑山裕城

SPERAとの出会いの端緒となったのは、昨年四月にさいふ屋旅館を訪れたことです。郷愁的で古風な佇まいを持ったその宿は、有明海調査において拠点となっており、調査に関わる先生方にはとても馴染み深い場所のようでした。

当時、定職のなかった私は、本NPOの理事である吉永郁生先生のお誘いを受け、遠路和歌山から車で柳川へ到ったのでした。外面こそ迷いを見せてはいなかったものの（おそらく、だが）、内面は、大学院まで出て無為な身であることに若干の焦燥を感じ、一方で、院生時代に終止符を打つこととなった過去の失敗に悔いていました。

そんな私を、さいふやの亭主である内山ご夫妻は温かくもてなして下さり、先生方にも、何事もない様子で取り扱っていただけました。結局、有明海そのものの調査には参加できませんでしたが、柳川での五日間で多くの人と出会い、独自の風土に晒されているうちに、自身の置かれた現実を再評価し、新しい一歩に向けた心積もりをすることができました。

年は変わり、SPERAの案内が内山里美理事長からもたらされた時、私は入会を即決しました。すでに吉永先生から伺っていたということもありましたが、前年の柳川での歓待が最も大きな要因となったことは言うまでもありません。理事長をはじめとした会員の方々の行動力と実践力には目を見張るばかりであり、SPERAは半年もせずに組織として整備され、NPO法人として様々な企画が行われるようになりました。有明海における実験の成果も徐々に上がっているようです。

ただ、私自身は仕事の都合もあり、一度もイベントに参加できていません。これでは、多忙を極める現地会員の方々や先生方に顔向けできないので、来年こそは何度か九州に赴きたいと思っています。

私は、現地の方々が知る〝有明海〟を知りません。しかし、敬愛する彼らの記憶にはかつての海がしっかりと刻まれ、それを取り戻すために一寸の努力も惜しみません。SPERAの活動への参加者が今後益々増え、多くの方々に有明海という特異な環境の貴重さを、再認識していただけることを願っています。そして、有明海沿岸における自然の再生を切に希望します。

里山　子どもたちの学び場

橋本智之

「マシュマロ焼いてみる」。山に子どもの声が響く。一月の澄んだ青空は、少しだけひんやりしていて、息を吸うと肺の奥まで冷える。吐いた息が白い。目の前の焚き火には竹が放り込まれ、バチバチと音が鳴っている。その焚き火を五人の子どもが囲み、手に持った細い竹の先にはパンやお菓子が取り付けられ、一生懸命、火であぶっている。「マシュマロ焼き、意外にうまいで!!」。誰かが叫ぶ。焼いたパンを一生懸命食べている子もいる。

しあわせ？

京都宇治にある里山では、毎月子どもたちが集まり、遊ぶ。高いはしゃぎ声が山に響き渡る。木登り、山登り、池の生きもの探し、焚き火、料理のお手伝い、竹伐り……なんだって遊び道具になる。

ここに子どもたちを連れてきて一番驚いたことは、「外で遊びたくない、家でゲームしていたい」と言っていつも泣いていたYくんが、里山遊びの時だけは「明日、里山やんな？」と目をキラキラさせるようになったこと、そして里山に着くなり、自由に遊びまわるようになったことです。冒頭のような、焚き火遊びで一日が終わったこともあります。

楽しいな！

私は、森里海連環学というものを、少し違う切り口で

写真49　福岡市天神で開催されたSPERA第2回サイエンス・カフェ。若い二人のSPERA会員のアイデアで，高校生も含む参加者が科学を手元に引き寄せた

「森でも里でも海でも、子どもたちの最高の遊び場」だと考えています。「遊び場」＝「学び場」であり、森里海が子どもたちの生き生きできるフィールドとして、つながり、広く楽しく理解されることが大切であると思っています。

急速な科学の発展で世の中の価値観が大きく変わる中、子どもたちが夢中になれるような普遍的な価値としての側面も持ちうる森里海連環の役割は大きいと思います。

SPERA森里海との出会い

石井幸一

まだSPERAの事務所（さいふや旅館）に足を運ぶようになって原稿を書いている段階が一カ月未満ですので、目的も課題も分からないのが実情です。さいふや旅館に足を運ぶようになったことと、およそ一カ月間の現状を書かせていただきます。

私は生まれつき（先天性）の内臓の病気を患っているのですが、病名が分かったのが二一歳の時です。小さい頃からお腹が痛い、嘔吐することの繰り返しでしたが、ただ二〜三日すると治るので、病院では大きくなったら治るとか、ある病院ではご両親にかまってほしいからお腹が痛くなるのでしょう、と言われる始末です。

私は「違う、違う」、本当に痛いのにどうして分かってくれないんだと思いながら、子どもの頃を過ごしました。それから月日は流れ、二〇歳を過ぎた頃からだんだん体が動かなくなってきました。それでいろんな病院巡りをしましたが、やっと二一歳の時に病名が分かりました。するとお医者さんは、「これは内臓が腐っている。早く手術をしなければいけない。なぜこんなになるまで分からなかったんだ」と言われました。おかげで手術をして命は取り留めてから、二九年が経ちました。

体調の悪い時もありますが、なんとか好きなことをやって生きています。

そんな時です、さいふや旅館と出会ったのは。

私はよくパソコンで他の人のブログを読むのが好きなのですが、たまたまその方が柳川に泊まったというブログでして、その旅館がさいふや旅館だったのです。

実は私は柳川在住ですが、すいません、さいふや旅館を知りませんでした。マスターごめんなさ〜い。それでその方のブログを読んでいくと、旅館は料亭がルーツだとか太宰府が発祥と書いてあり、旅館の中の写真をたくさん掲載してありました。その写真で分かったことは、喫茶店も経営していて、看板猫ちゃんがいることです。

そこで初めてさいふや旅館のホームページを覗き、その中に「メカジャ倶楽部ブログ」を見て、SPERAを知りました。印象は、「あ〜有明海が貝が採れなくなっているんで、有明海再生事業をしているんだ。NPO法人？　ボランティア団体か（実際は違います）。電話してみよう。喫茶店もあるので、あれだったらコーヒーを飲みに行ってみよう」ということでさっそく、さいふや旅館に電話しました。

すると、なぜか今まで友達にも障害のことを話したことがなかったのに、電話に出られた奥様に話してしまい、その日の昼にマスターと奥様のいる喫茶店に行ってしまったのです。

話はトントン拍子で、二月のSPERAの会合に出席して、気が付けば、四月のアサリ潮干狩り復活祭（太良町）の大型バスの手配とSPERA関係者の皆様方の名簿作りのお手伝いをしています。ん〜不思議だ！　これも縁なのでしょうか。しっかり者の奥様と、寛大なマスターの人柄でしょうか。それとも猫ちゃんたちの魅力にメロメロになったおかげでしょうか。笑い……！

私も体の再生という大事業（手術）を受けて、こうして生きていますので、今度はとてつもない規模の大きい有明海という再生事業に携わっていきたいと思います。

海底生物を復活させるために

田中安信

私は、柳川市大和町中島・大和漁協で網漁そして貝などの漁をしています。

「母なる海」そして「宝の海」といった有明の海が、「死の海」と話題になるようになりました。

有明海の生きもの二枚貝・タイラギの大量死、そしてサルボウやアサリの大量死も起きている状態です。

貝類には、海底の泥から発生した硫化水素のような物質が影響しているようだと聞きました。そこで私たちは

「ああ、そうだったのか」、それで貝にエビ、そして魚までに関わってくるのだろうか、と思うようになりました。

私たち漁民一人ひとり、団体でもどうにもなるものではありません。

そこで、有明海の海底、海の生物の研究者・京都大学名誉教授でありNPO法人「森は海の恋人」の理事、NPO法人「SPERA森里海・時代を拓く」の理事である田中克先生に出会いました。その他多数の先生たち、そして大学・高校の生徒さんたちに海底生物の試験・実験・研究に携わってもらっています。

私たちも少しでもお手伝いができたらいいなと思っています。

有明海、「宝の海」の再生に向けて

古賀春美

私は有明海で五〇年間漁師をしてきました。しかし今は漁で生活ができていない状況が続いています。昔は「宝の海」といわれたこの海に魚貝類が育たなくなりました。

アゲマキ、ウミタケ、マテガイ、タイラギ、アサリ等々、まだ他にも色々いましたが、ほとんど死滅状態です。この異変の原因としてはいくつかの要因が考えられると思いますが、海苔養殖に使用する酸処理剤（殺菌作用を含む）が一番の問題であると思います。

酸処理剤の使用が始まってから三〇年近くなりましたが、毎年三〇〇〇～四〇〇〇トン（新聞社調べ）もの酸処理剤がこの海に投入され続けてきたために、このような結果が生まれたのだと思います。

これからは海に化学薬品、化学肥料（硫酸アンモニウム・硝酸アンモニウム）などを使用しないことが海の再生には重要であると思います。

海は国の宝であり、みんなの海である。

実証実験に海苔漁師として関わって

古賀哲也

有明海で海苔養殖を営む私にとって、昨今の有明海の異変は身近な問題でもあります。アサリの漁獲量が激減、タイラギの二季連続休漁、そういうニュースを聞くたびに、いずれ海苔も採れなくなるのではないかという不安感をじわじわと感じ始めました。漁師として、少しでも昔の海に近づけるために何かできることはないだろうか。

そんな思いを抱いていた時期にキレートマリンの文献と出会いました。この海の浄化材は有明海でも使えるのではないか。ひょっとしたら、すでに有明海で実験している人がいるのではないか。SPERAという団体とつながったのは、それからしばらく後のことでした。

SPERAの素晴らしいところは、有明海異変とその再生という重い課題を掲げながらも、まずは多くの方々に有明海を知ってもらい、実際に海に入って干潟や生きものに触れ、海に愛着を持ってもらうことから始めている点です。そもそも海に愛着がなければ、なぜ海を大切にしなければならないか実感が湧きません。私は一度、キレートマリンとカキ殻を干潟に撒く実験作業に参加させてもらいましたが、それは海苔漁師にとっても新鮮味のある作業であり、いつもとは違う海の一面を垣間見ることができました。普段海に触れることがない方なら一層有明海を体感できることでしょう。そして、きっと有明海が身近になるに違いありません。

幸いキレートマリンの実証実験も成果を結びつつあります。そして、SPERAのまわりにも協力や賛同する方々が増えつつあります。その方々の中には、地元の方や漁業者だけでなく、先生や学生もいます。私も一漁業者として、今後もSPERAの活動に参加していきたいと思っています。願わくば、SPERAの環がこれからも広がっていきますように。

かけがえのない有明海

日高　渉

私はSPERAとご縁ができてから日が浅く、実際の活動に参加できたのもまだ数回ですが、SPERAの活動に参加するたびに、有明海に対する思い・関わり方は人それぞれであると感じています。例えば、有明海に直

接生活の場を置く漁師の方もおられれば、直接の関わりはなくとも心情的に有明海に親しんでいる方もおられるなど、有明海との関わり方は多様です。

　一方で私はというと、現在、有明海から遠く離れた京都で学生生活を送っています。ですから、日常的に有明海に接する機会はなく、もはや縁遠くなってしまったかのようにも思えます。ですが、そんな中でも、有明海に対し私なりの思いを持っていることも確かです。そのことを少し詳しく述べてみようと思います。また加えて、SPERAは活動拠点である福岡県柳川市の掘割に対する取り組みも行っていますので、掘割に対する思いも合わせて述べてみようと思います。

　私は有明海湾奥に位置する柳川市に生まれ育ち、約二〇年間を過ごしました。

　柳川はかつて城下町であったこともあり、町中に掘割が張り巡らされ、水郷として親しまれています。私自身も、幼少の頃から掘割の水辺に親しみながら育ち、その叙情性や水文化に愛着を持っていました。

　しかし一方で、掘割の水は常に濁っており、清流と呼べる状態ではないということもあり、私の内心では、愛着がありながらも、胸を張って誇りに思える存在ではありませんでした。

　有明海に関しても同様の思いでした。私の実家は掘割のある市街地にありますが、少し歩けば沖端漁港があり、さらに漁港から沖端川を下って行くと有明海へと辿り着きます。そのため、漁港や沖端川、有明海は、私にとって気晴らしのための散策コースでした。暇があれば船泊まりに行き、潟の上に乗っかった船を見たり、磯の香りや夕焼け時の景色を楽しんだりしていました。また、市街地とは異なる漁師町の風情も、私にとって心を落ち着かせてくれる存在でした。

　ただ、正直に言えば、時には、黄褐色の濁度の高い海水よりも青く澄んだ海水に、近寄り難さのある泥の干潟よりも遠浅の砂浜に憧れることから、ワラスボやムツゴロウなど有明海特有の生きものよりも普通の海の生きものの棲む海に憧れることがあります。有明海は、私にとって愛着のある存在でしたが、同時に近寄り難く、一般とはかけ離れた〝特殊過ぎる〟存在でもあったのです。

　ですが、掘割や有明海の成り立ちに目を転じてみると、今述べたような点はネガティブな一面ではなくなりまし

写真50　水郷・柳川には至る所に水辺の生きものに触れ合う場所がある。初めて魚釣りを楽しむ大学生

た。

　まず、柳川地域は有明海の潮の干満作用によって形成されたために、傾斜が緩やかな土地です。そのため、海水が河川を遡上してしまい淡水の確保が難しく、一方で大雨時には水が逃げ場を失って洪水になりやすいという土地柄です。そこで、昔の人は、水路網を張り巡らせて、掘割に溜池や排水溝としての役割を持たせる工夫をしてきました。柳川が「水郷」と呼ばれるようになったのは、元を辿れば、治水・利水に対する長年の真摯な取り組みがあったからなのです。その他にも、掘割には水循環を上手く利用した機能が多くあります。

　有明海に関しても、水は濁っていても、この濁りの中には栄養塩や有機物が多く含まれており、海の生態系を支えています。また、干潟についても、干上がる時に有機物が分解・浄化されて、海の汚濁化・富栄養化を防いでくれています。一見、近寄り難い印象を与えるものでも、海の生態系にとっては大切な役割を果たしています。

　私は、大学生活のために柳川を離れる直前に、初めてこれらのことを知り感銘を受けたのを覚えています。そして初めて、掘割や有明海に心から素直に愛着を持てるようになりました。

　私のように若い世代は、清流の掘割や豊饒の海の有明海を見たことがありません。ですから、かつての私同様に、心から掘割や有明海に愛着の気持ちを持てない方もおられるのではと思います。ですが、やはり掘割や有明海は、独自の発展をしてきた他地域に見ることのできない、かけがえのない存在であると思います。

　私なりの有明海に対する思いを述べてきましたが、私同様、地元の皆さんもきっとそれぞれに有明海への思いを持っておられるだろうと思います。そうした方々の思いをＳＰＥＲＡが一つ所につなぐことができたら本当に素敵なことだと思っています。

3 世代をつなぐ森里海連環に未来を託す

＊学校名は略称とした。詳しくは、巻末の執筆者一覧を参照。

地元高校生の干潟体験と有明海再生への思い

有明海沿岸で育った私たちと干潟

伝習館高校2年　亀嵜真央

二〇一三年から矢部川と塩塚川の河口域に実験区が設置されたことを機に、福岡県立伝習館高校の生物部も実験区の干潟での調査に参加させていただくことになりました。また、これは異例のことと思っていますが、調査に合わせて有明海の環境と生物に関する学習会（SPERA森里海特別公開講座）を私たちのために開催していただいています。

第一回公開講座は「有明海の生きものと環境　1〜不思議の海、有明海の生きものたちの叫び〜」と題して、九月六日に田中克先生が講師を務められました（写真51）。講演では、有明海の特産種が大陸と共通する理由や、稚魚が育つための環境として〝濁り〟が必要なこと、また、この稚魚の餌となるカイアシ類は腐食連鎖によって栄養を得ていることなどを学びました。

第二回公開講座は一一月五日に、吉永郁生先生に「干潟の海の微生物〜分解者？生産者？〜」という演題で講演をしていただきました。講演では、細菌類はふつう分解者としての役割を担っていますが、干潟では生産者としての役割を持つことを様々な例を示しながら教えていただきました。なかでも、バクテリアの生態系における機能として〝水に解けた有機物を粒子化（バクテリアの体）することができる〟ことや〝デトリタスの周囲をバクテリアが取り囲み、デトリタスをバクテリアごと動物

写真51　伝習館高校で開催された第１回 SPERA 森里海特別公開講座（2013年９月６日）

が食べることで窒素分を補っている〟ことなど、ユーモアをまじえてわかりやすく話していただきました。

公開講座は第三回、第四回……と続いていきます。このように、私たちや有明海の環境改善のために日本全国、遠くに住んでいらっしゃる先生方が一生懸命にやってくださっていることを思うと、地元の私たちがやらないわけにはいかないという使命感に駆られました。

私たちの感想文にあるように、干潟での調査や講演で、昭和四〇年代までは「豊饒の海」といわれていた有明海の現状を知りショックを受けたことで、有明海の環境改善の方策を模索し始めました。まず知ることから始め、考えること、そして行動することにつなげていく大切さを痛感しました。人任せにするのではなく、自分の頭で、今何が必要とされているのか、どのような理由で現状に至ったのか、など主体的にものごとを考える力を養っていけたらと思います。


…………………………

伝習館高校１年　宮川沙樹

有明海の生物たちの現状を聞いて、とてもショックをうけました。私の有明海のイメージは、いろんな生物がいて、とても自然豊かな海というものでした。また、私が大好きなアサリやのりがだんだんとれなくなっているということにショックでした。人間は海から多くの恵みをもらったのに、人間は海の環境を壊していることが悲しかったです。

しかし、悲しんでいるだけではだめだと思いました。お話を聞いて、森・里・海、森と私たちの生活と海はつながっていることがわかりました。それで、私たちの生活をもっと自然環境に負担をかけないようにすれば、環境も変わるのかなあと考えました。

これからは、私たち若い世代が有明海について興味を持ち、もっと知って、豊かな有明海に戻していかなければならないと思いました。

そのためにも、勉強を頑張りたいです。


…………………………

写真52　おきのはた水族館。柳川市在住の近藤潤三氏（有明海を育てる会会長）が私財を投げ打って，有明海特産の生きものを展示する私設水族館

伝習館高校1年　瀬戸川瑞穂

私は、有明海が瀕死の状態であることは聞いたことはあったけれど、正直「そこまでではないだろう」と思っていました。けれど、活動を通して、有明海の現状を知っていくうちに、「何でこんなのんきでいたんだろう」と大きな危機感を覚えていました。

そんな中、おきのはた水族館の有明海にしかいない生物たちを実際に見て、この生物たちが棲む環境を奪ってはいけないと決意を新たにしました（写真52）。

私たちが今できるのは小さなことですが、その小さなことを積み重ねていけば、いつか大きな結果が出ると思います。なので、「今できること」を「今」しっかりと行っていきたいと思います。

…………

伝習館高校1年　金子　駿

私は、有明海に、多く関わったつもりでした。しかし、この講義で私は、有明海について知らないことに気がつきました。

私は、小学校の時、よく有明海に潮干狩りに行っていました。そのとき、私は、有明海の産物の豊かさに驚いたことを今でも覚えています。美しい貝やムツゴロウを見て、なんとすばらしい海だろうと思いました。

私は、このときとても生物が好きになり、興味を持ち始めました。現在の私の夢は、理科（特に生物系）の教師になって、この地元で働きたいと思っています。

しかし、現在の教育で、生物はただ、単語を教えるだけの教科となっているような気がします。私は、生物の本当の学習とは、やはり、生きものとふれあって学ぶことが最も重要なことだと思います。

私は、『センス・オブ・ワンダー』の本を読み、とても感動しました。この本で、私は、動物と人間の関わりが、いかに大切なものかを教えられました。私が教師になったら、この貴重な有明海のことを多くの生徒に伝え、この海を、何百年、何千年と守り続けていきたいと思います。いつか、潮干狩りに行きましょう！

…………

伝習館高校1年　小宮奈苗

私は今まで柳川に住んでいながらも、有明海について何も知りませんでした。

生物部での活動を通して、有明海の生きものが減少しているという問題の深刻さを感じました。おきのはた水族館へ行ったり、有明海の干潟に入ったりと、貴重な体験をさせていただきました。初めて見る生きものも多く、楽しくて、あっという間の時間でした。有明海といえば、ムツゴロウや貝など、生きものたちが思い浮かびます。そんな生きものたちを、地元の私たちが守らなければなりません。

そのためにも、活動を通して有明海のことをもっと勉強していきたいです。

…………………………………………

伝習館高校1年　山口舞菜

私は今まで有明海のことについて、全く知りませんでした。そして、有明海が瀕死の海であることも、部活を通して初めて知りました。このことを知らない地元の人たちもたくさんいると思います。

瀕死の有明海から「宝の海」と呼ばれた昔の有明海に少しでも戻すには、やはり、地元の方たちや、若い世代の人たちに有明海の現状を知ってもらう必要があると思いました。たくさんの方々に興味を持ってもらうことによって、自分たちの手でこの有明海を変えようと思う人たちが増えてくると思います。そのためには、有明海について考える場をたくさん設けることが、興味を持ってもらえるきっかけになると思いました。

…………………………………………

伝習館高校1年　立花　綾

私は柳川に住んでいながらも有明海が危機的な状況にあるということを知らなかったので、聞いていて少し恥ずかしく思いました。先日、妹が地域の行事で海苔の佃煮を持って帰ってきました。今まで学校の給食や家で食べてきた海苔も、今となっては徐々に貴重になりつつあり、本当に驚くばかりです。

小学校の頃から有明海について学んできました。写真を見るたびに〝汚い……〟とか〝濁っている……〟とか思っていて、当時の私は川の汚れた水、すなわち、私たちが日常生活で汚してしまったんだと思っていました。

しかし、実はそれが有明海にとって良い状態だったとは、想像もつきませんでした。

中学で私は「筑後川」という合唱曲を歌いました。この三曲目「銀の魚」の伴奏を弾いたときに、銀の魚が〝えつ〟だということを知り、音楽の先生から「えつはここでしかとれないんだよ」と聞きました。その理由がこの講演を通してよく分かった気がします。〝河口〟という歌の歌詞に「有明の海」って出てくるように、私たちにとって有明海というのはとても身近な存在だったんだなと改めて実感しました。

普段何とも思っていなかった有明海が、こんなにも自分と関わりが深かったなんて、思いもしませんでした。私には兄弟が四人います。いつか大人になった時に、子どもたち、また県外の人たちに有明海を自慢できるように、できることから始めていきたいと思います。

伝習館高校2年　松本　萌

…………………………………………

私たちにとって身近な有明海だけど、初めて触れる特有の生物がたくさんいて、もっと有明海について興味がわきました。だけど、特にびっくりしたのが、有明海のゴミの多さでした。海岸を歩いていくと、たくさんのゴミを見かけました。そのことにとても衝撃をうけました。本来ならば、きれいに保ち、生物たちが棲みやすいような環境にしていかなくてはならないのに、逆にそれを私たちが崩していっているという事実を身をもって痛感しました。

私はこれから、この事実をしっかりと受けとめ、これから先の有明海を守っていくために、積極的に保護活動に取り組んでいきたいと思いました。

伝習館高校2年　藤吉京平

…………………………………………

自分たちの地域の海のことなので、ある程度のことは知っているつもりでしたが、実際に干潟に入ってみて今おかれている現状が分かり、イメージと全然違うことが分かりました。

タニシが表面を覆っていて、所々にカニ穴やハナイソギンチャクなど様々な生物が見かけられましたが、ムツゴロウは見られませんでした。海面上にもゴミが見られました。

そんな中でも、キレートマリンやカキ殻の効果が現れているのを見て、もとの有明海に戻せる希望があると感じました（写真53）。

干潟再生 兆し実感

伝習館高生、矢部川河口の調査参加

柳川市の伝習館高校生物部の部員5人が7日、専門家らが矢部川河口域で実施している干潟再生実験の調査に初めて参加した。生物部では今後、独自の調査も進め、調査結果をまとめる考えだ。

見つけたイソギンチャクを手にする生物部員＝柳川市沖

干潟の再生実験をしているのは「有明海再生研究会」（代表・田中克京大名誉教授）。カキ殻などを干潟に埋めた四つの実験区域を設け、生物や環境の変化を調べる。地元の漁民やNPO法人「SPERA森里海・時代を拓《ひら》く」（内山里美理事長）が協力している。この日は、実験区域設置からほぼ2カ月になることから、1回目の調査を実施した。

伝習館高生物部が調査に参加したのは、顧問の木庭慎治教諭が田中代表と知り合いだったことから。前日には田中代表の講演を聴き、有明海の現状を学んだうえで調査に臨んだ。

部員5人のほとんどが、干潟に入るのは初めてだ。ひざ上まで泥に埋まりながら、四苦八苦して沖合約100㍍の実験区域へ。生息している生物や泥の採取などを手伝った。

イソギンチャク・小エビ…「有明海守らないと」

この結果、体長20㌢ほどのイソギンチャクや小さなエビ、ハゼの仲間など、2カ月前にはほとんどいなかった生物が見つかり、環境の変化をうかがわせた。

生物部の亀崎真央部長は「有明海の現状を今まで知らなかった。実際に干潟に入り、すぐ目の前に生き物がいるのを見て、もっと研究したいと思った。もっと多くの高校生や中学生にも見てもらい、有明海を守らないといけない」と話す。田中代表も「次の世代を担う若い人たちが興味を持ってほしい。きょうはその出発点になる」と大歓迎。

生物部では、独自に毎月数回の調査を実施し、実験区域内の環境変化を追うとともに、ゆくゆくは論文にまとめる考えだ。

（佐々木達也）

写真53　干潟体験する伝習館高校生の楽しそうな様子を取り上げた「朝日新聞」筑後版（2013年9月11日付）

……………………………………………

伝習館高校２年　**亀嵜真央**

私は今回の有明海干潟調査に参加して、直接自分の目で見て、田中先生や吉永先生など専門的に研究している方から話を自分の耳で聞いて、自分の無知さに気付きました。さらに有明海を以前のような様々な生きものであふれる海に再生したいと思うようになりました。

正直、最初に木庭先生から「干潟に行くぞ！」と声をかけていただいたときは、あまり有明海の実際の様子を知りませんでした。さらに私の頭の中では、ムツゴロウやハゼが飛び跳ねたり、シオマネキがあちらこちらで見かけられたりする光景が浮かんでいました。アサリなどの貝類もそれなりに獲れるだろうと勝手に想像していました。

しかし、私たちが干潟に入ったとき、それらの生きものたちを見ることはほとんどありませんでした。これは本当に私にとっては衝撃的でした。調査前に他の部活の友達に「どんな生きものがおったか教えてね！」とか、「ムツゴロウ、いいな……」などと話していたこととは全く異なる現実でした。

保育園児のとき（一二年くらい前）に読んだ『海をかえして！』という絵本を思い出しました。幼かった私にとって、当時は有明海が本当に生きもののいない海になりえるなど予想もしないことでした。しかし、この一二年

写真54　膝上まで沈む軟泥干潟に苦労しながら実験場に向かう伝習館高校生物部の生徒（2013年11月４日）

間、一度も思い出さなかったようなその絵本のストーリーを、今回の調査を経験して鮮明に思い出しました。

自然を壊すのも蘇らせるのもすべて人間にしかできないことです。初めての干潟で私は有明海の悲鳴を聞いたような気がしました。日本が誇るべき私たちの海をこれから先、社会を担っていく私たちの他に誰が守るのか、改善していくのか。私は先生方のような専門家の方々ともっと情報を交換し、新しい知識を身につけ、世界に誇ることのできる有明海を取り戻さなければいけないと強く痛感しました（写真54）。

しかしそれは、私たち生物部だけの力では到底なし得ることではありません。地域の環境保全には、地域の多くの人たちがもっと積極的に携わるべきだと考えます。高校生だけでなく、幅広い世代の人たちに今の有明海の現状を知ってもらいたいと思いました。

今回の有明海干潟調査に参加して、今まで知らなかった知識や漁師さんの知恵をたくさん吸収することができました。人とのつながりが協力の輪を広げ、大きな協力の輪が未来の有明海を輝かせることに生きればと思います。地域を支える人間として、私もこれから先もっと多くの経験を積み、有明海再生に貢献していきたいです。

………………………………

伝習館高校1年　**宮川沙樹**

干潟は、海とも陸とも違う干潟だけの特別な生態系をもっていることを知り、今まで海と同じだと思っていたのでとても驚きました。

流入と流出の関係について、アサリなどの貝類が減少してしまうとバランスが崩れてしまい、負のスパイラルに陥ってしまうということに、バランスのとれた生態系の重要さがわかりました。

また、濁りの原因物質に細菌が吸着することで栄養価を高めていると聞いて、驚きました。私は細菌という言葉に対してあまりよいイメージを持っていませんでした。しかし、細菌には悪いものだけでなく、いい細菌もいて、私たちの身近な食品に使われていました。それはヨーグルトや納豆、キムチなどで、身近なところに細菌のパワーが発揮されていることがとても意外で、細菌ってすごいなあと思いました。このような、いい細菌が増えて窒素の循環を円滑に行える環境をつくることができるようになればいいなと思います。

講演会、干潟に入ることができて、とてもおもしろかったし、貴重な経験ができてとてもよかったです。この活動を通して、干潟が秘めている新たな可能性をもっともっと知りたいと思いました。

質問です。干潟がよい餌になるということは、どういう餌のことなのか、教えてください。海で鉄分不足になってしまうのはなぜか、教えてください。


……………………………………………………………

伝習館高校1年　立花　綾

正直、有明海はおもしろいなあと思いました。そして光合成に鉄が必要なことにとても驚きました。授業で習った光合成の過程にも、まだ十分にわからないことがあるんだなあと思うと、生物はまだすべて解明できてなくて、考え方が変化してるんだなあと思いました。

鉄を溶かす物質が有明海に存在しているのか気になります！　有明海には一体どれくらいの微生物がいるのだろうと興味がわいてきます！


……………………………………………………………

伝習館高校1年　伊藤萌々香

四月一九日、私は生物部の調査として有明海に入りました。干潟に入ること事態は初めてではありませんでしたが、随分昔のことだったので少し不安でした。今回は八女高校の先輩方と漁師の方々、そして有明海の調査をしている研究者の方々と共に、昨年七月に行われた生物調査の結果を確かめることを目的として集まりました。皆がそれぞれ有明海の復興を願っているため、今回の調査結果で少しでも生物が棲みやすい海になっていることを確かめられたらな、と思いながら干潟に入っていきました。

まず、私が干潟に入って思ったことの一つに、匂いがあまりしないということがありました。私は、泥の粘りけが強く、海も泡立ったりしていたので、有明海の泥は匂いが強いのかなと思っていたので、意外でした。深い場所にある泥はきめ細かく、艶があって干潟の表面の赤っぽい泥とは違っていたので、酸素に触れている所とそうでない所ではこんなにも差があるのかと驚きました。

そしてもう一つは、生物が昨年の調査の時よりも増えているということでした。鉄粉と炭とキレート材を使った「キレートマリン」というものの近くには、たくさんの生物が集まっていました。漁師さんに、キレートマリンの近くにはなぜ生物がこんなにも集まってくるのですか、と尋ねると、それは生物の栄養分となる鉄分を含んでいるからだ、と言われました。

私は、たくさんの生物が集まっているのを実感して感動しました。昨年は発見した生物の数が少なかったそうですが、今年はたくさんの生物を見ることができました。「ドンコ」や「テッポウエビ」などまだ知らない生物に会うことができて、本当に素晴らしい体験をすることができました。

昨年の七月から今年の四月までの九カ月間で、有明海は、少しずつですが豊かな海の生物が棲みやすいものとなってきています。私はこれから生物部の一員として、この有明海を昔以上の素晴らしい姿にもどせるように頑張っていこうと思います。

………………………………………………

八女高校1年　**諸富風薫**

四月一九日、干潟で七月から行われている実験の成果を調査するために、地元の漁師の方々と伝習館高校の先生、八女高校の先輩方などと一緒に干潟に入りました。

私は生物部に入ったばかりでしたが、干潟調査に参加させていただくことになりました。干潟に入ると足下がぬかるんでいて歩きづらく、たまに転びそうになった時は、小学校の頃にやった堀干しや田植えを思い出しました。

なんとか目的の場所に着くと、生物の調査を始めました。今日の内容は、キレートマリンという物質とカキ殻を設置した場所での泥の採取とそこに生息する生物を探すこと、また、貝を実験場所にうめて、貝が無事に育つかどうかを調べるというものでした。

泥を採取した後、さっそくざるで探してみると、テッポウエビやドンコ、カニなど、様々な種類の生物を多くとることができました。生物の住処《すみか》となるように設置された竹の中から大きいドンコが捕れたときは、とても驚きました。

次に私たちが行った貝を実験場所にうめるという作業では、田んぼで田植えを行うような感覚で貝をうめていきました。田植えと違い、泥が膝の上まできているのでやりづらく、少し大変でした。ですが、やっていくうちにだんだん楽しくなっていきました。

作業を全て終わらせて戻るとき、ゴミが落ちていることに気が付きました。ジュースの缶やビニールの袋、さらには花火の袋まで見つかりました。ゴミを海に捨ててしまうと、海の水が汚れてしまい、生物が棲めない環境となってしまうので、止めてほしいなと思いました。

有明海は昔、ムツゴロウをはじめとしてたくさんの生物の生息する豊かな海だったと聞きます。しかし、今ではその一部に堤防がたてられ水が濁ってしまい、多くの生物が死んでしまいました。それは有明海だけではなく、日本中でアサリやシジミの漁獲量も減少し、日本で古くから行われてきた潮干狩りがなくなってしまうかもしれないという事態が起こっています。

そんな中、環境を改善して再び元の豊かな海に戻そうという取り組みをしている人たちがいます。森と海の人たちが協力して植樹をしたり、子どもたちの心に木を植える環境活動を行うなど、今の環境を改善しようとするだけではなく、若い世代に自然の大切さを伝え、繋げていくことも必要とされています。

今回の体験を通して、私は今まで以上に自然の大切さを実感しました。私にできることはあまり多くはないと思いますが、小さいことから少しずつしていきたいと思います。そして、昔のように自然豊かな環境がつくれるよう協力していきたいです。

…………………………………………………………

伝習館高校1年　松藤菜月

四月一九日に私は生物部として、有明海の干潟で環境調査に参加しました。今回の調査には、京都大学の名誉教授である田中克先生やSPERAの理事長などの方々、八女高校の生物部の人たち、地元の漁師さんたちと一緒に行いました。私は小学校のときに一度だけ干潟に入ったことがあり、あの頃とどういう風に変わっているのかなと楽しみにしていました。

実際に干潟に入ったとき、私は少し違和感がありました。それは、干潟の生きものたちの姿がほとんど見えなかったからです。私が知っている有明海の干潟は、たくさんの穴の中からカニやムツゴロウ、トビハゼなどの生きものたちが顔を出したり動き回っている姿でした。たった数年の間で、みんなが知っている美しい有明海の姿は失われつつあるんだと初めて実感しました。

しかし、去年の七月の生物調査のときは、今回よりも酷かったそうです。生きものはおらず、干潟の泥は粘り気が強く、匂いもとても臭かったと聞き驚きました。そこで、そのときの調査で鉄粉と竹炭を混ぜて固めた「キレートマリン」というものを干潟に設置し、干潟の環境を改善し始めました。その結果、前回と大きく変わっていて生きものも増え、匂いも臭くなく、少しだけど改善されていたと思いました。

私は、今回の有明海の生物調査に参加して、いろんなことを学びました。この経験を活かして、今後の調査に取り組めていけたらいいと思います。

伝習館高校2年　只隈菜摘

私にとって今回の潮干狩りは、人生で二度目のものでした。そこで私が感じたことは、アサリの数が明らかに減少しているということでした。キレートマリンを設置してある実験区の中では、それほど少なくなったとは感じませんでしたが、実験区から一歩外に出ると、先ほどまで作業していた所とはうってかわって、足場も悪く、アサリなどの貝類だけでなく、ほかの生物すら見あたりませんでした。

私が以前潮干狩りに行ったときは、見てわかるほど、たくさんのアサリがあり、どこへでも走って貝を探しに行くことができました。それを思うと、海の環境はたった数年で大きな変化をするのだな、と改めて思いました。

私は、生物部に入部してまだ日は浅いですが、これから、有明海のことについて調べ、以前私が見た有明海が取り戻せるように、今私たちができることを、全力で活動に取り組んでいこうと思います。

八女高校2年　堤　悠一郎

私は、今年の二月に生まれて初めて干潟に行きました。初めて行った干潟は見るもの全てが新鮮で、まるで異世界に来ているようでした。

干潟はとても印象的でしたが、干潟に着くまでに見た干拓地の田園風景も印象に残っています。私も、近くに田園風景が広がっているような所に住んでいますが、やはり干拓地の田んぼは、いつも見ているものとは少し違って見えました。江戸時代以降干拓が行われた結果、干潟の面積が減少していることを聞き、ここも干潟だったのかと考えると、にわかに信じがたかったです。

田園風景も非常に印象的でしたが、やはり干潟自体の方がはるかに印象的でした。その中でも一番印象に残っているのは、有明海に生息する生きものたちです。普段も部活動で生きものたちと触れ合ってはいますが、有明海にいたような生きものたちは今まで見たことがなかったので、まさに未知の世界との遭遇でした。パチパチと音を鳴らすテッポウエビに、初めて間近に見るイソギンチャク、干潟にいたドンコなど、出会った全ての生きものもとても印象的で、私に大きな感動を与えてくれました。

また、干潟で田中先生にお聞きしたお話も、とても印象的でした。山と海は密接につながっているということは、いろんなところで聞いていましたが、今までは山から見た感じでしか捉えたことがなく、海のことに関しては、あまり実感がわきませんでした。

しかし、実際に現地へ行ってみて自分の目で見てみると、その〝もの〟に対する実感とともに現地に対する本当の理解ができたような気がしました。このことから、やはりその場所に実際に行ってみないと本当の意味での理解はできない、ということを再認識させられました。

今回有明海に行った経験は、私に大きな感動を与えてくれた宝物になったと思います。これからは、より多くの人にこのことを伝えていき、この感動を共有していきたいです。また、これからも、有明海をはじめ様々な所に実際に出向き、たくさんのことを学んでいこうと思います。

今回このような機会を与えてくださった、ＳＰＥＲＡの皆さんをはじめとする方々に感謝します、ありがとうございました。

地球の未来を担う子どもたちへ

伝習館高校教諭　木庭慎治

自然と社会と私たちのつながり

そもそも、私たちは自分自身が社会の中でしか生きていけない存在であることを、あまりにも当然すぎて言葉にすることすらはばかられることですから、ふだんは意識して生活していないと思います。ところが、私たちが社会の中でしか生きていけないことを認めてしまうと、案外色々なことがすっきりと見えてきます。社会とは自然と人間、そして人間が作った様々なものでできています。

ここでしっかりと意識しておかなければならないことは、社会は流動的であり、絶えず変化しているものであるということです。このような意味では、社会の一部である主体的なあなたが変われば、それに伴って社会も変化する可能性があることを示しています。ところが、あなたにとってもはや意識の一部であるようなこの社会は、あなたと同じように意識を持った人々のものでもあるわけです。つまり、あなたと他の人の意識は社会を媒介としてつながっていると考えることができると思います。

この社会は非常に複雑で、色々な〝もの〟や〝こと〟が網の目のように関係し合っています。私たちは目に見える〝もの〟を理解できます（普通は苦労します）が、目に見えない〝こと〟、例えば、物と物との間の関係や自然と人との関係などを理解しようとする場合、とても苦労します。したがって、若いあいだに社会を理解することは非常に難しいのです。ですから、この社会の中で〝どのように生きるか〟、若いうちに答えを出すことはなおさら難しいように思います。

私は、仕事は社会と自分自身の接点だと思っていますので、どのような仕事を選ぶか答えを出す場合、社会を理解しなければできないのではないでしょうか。もう少し言いますと、仕事を通じて社会を変えることすらできると考えています。未来の社会を良くするのも、悪くするのも君たちしだいではないのでしょうか。このことは、自然環境を考える場合もまったく同じことではないでしょうか。

現在、私たちを取り囲む環境の色々なところに不都合が生じています。この不都合の多くは私たち人間の活動が原因だろうと思いますが、私たちは、まだ自然の仕組みをすべてわかっているわけでもありませんし、人間活動と自然の因果関係もわからないことが多いので、環境を改善しようとすると、どのように改善したらよいのか最善の方法を考えなければなりません。

また、環境はとてつもなく大きな地球規模のものですから、膨大な費用や労力と莫大な時間が必要です。環境の改善活動は前述の〝こと〟の領域になりますので、君たちは自然の仕組みや社会の仕組みなど色々なことを学ばなければならないのです。一見関係ないような〝もの〟や〝こと〟でも、そこにヒントが隠されている場合だってあるのです。ヒントを見つけるために、今は自然から得ることができる体験と様々な基礎知識を勉強してください。君たちが学んだ知識が社会を変えるために役立つはずです。日常の学習を些事《さじ》に忙殺されることなく、高い理想を持ち日々行ってください。しかも、豊かな自然が少なくなったことでだんだん難しくなってきましたが、環境を改善しようとする場合、健全で豊かな自然のシステムを心の底から楽しみ、そして知ることも必要です。できる限り自然に目を向けてください。

私は立場上、現在の君たちに色々なことを言う機会に恵まれていますが、私の言葉以上に色々な立場の人の経験から発信される言葉に耳を傾けてください。君たちが持っている共感にあふれた心と豊かな想像力によって、どのような言葉でも君たちの心にしみ込んでくることと思います。しかし、私たち大人はそのうちに居なくなってしまいます。その時は君たちが社会を創造していかなければなりません。

繰り返しますが、社会は自然と人間、そして人間が作った様々なものでできています。君たちの社会です。しっかりと考えて自分で判断して、よりよい社会を造ってください。そして、時が来ると君たちもまた、次の世代に社会を譲っていかなければならないのです。未来永《えい》劫《ごう》この地球を次の世代に譲っていくことを繰り返していかなければならないのです。

様々な出会いの中で考えたこと

私は伝習館高校に転勤する前は、八女高校で生物部の顧問をしていました。八女高校では主に、八女高校の学区がスッポリと含まれる矢部川を通して見えてくる自然環境と人々の生活環境を中心にテーマを設定し、観察や調査を行ってきました。矢部川の上流部のブナ林やシオジ林の分布や原生林の水環境にかかわるメカニズムから河口干潟の泥質の粒度分析など、様々なことを行ってきましたが、その中でも面白い取り組みを紹介します。

平成一九年の三月に筑後市役所から、市民の森公園の工事をしたところ、公園脇の沼でガマ（ガマ科ガマ属の多年生植物）が枯れてしまって腐敗臭が激しくなり何とかならないか、と生物部に調査を依頼されました。

最初に現地に入った時は、沼全面に繁茂する立ち枯れたガマと腐敗臭が印象的でしたが、私たちはガマの生育環境を調べ、沼の堤防部分に数株残っているガマの新芽があることから、筑後市に沼の水位を低くすることを提案しました。筑後市の都市対策課はすぐに沼の水位を低くするために配水管を設置し、水位の調節ができるようにしてくれました。私たちは、沼の水をいったんすべて抜き、経過を観察しました。

写真55　福岡県立八女高校生物部のガマ池での活動。上：筑後市からの要請でガマの再生に取り組んだ池。下：生物部と筑後市の協力によりガマが復活した成果を示す看板

その後八月頃からガマの地下茎が伸び、新芽が沼周辺部から少しずつ中央に向かい生えてきました。

この頃になると、この沼を親しみを込めて〝ガマ池〟と呼び、数日ごとに観察に行きました（写真55）。

水位を下げてから半年後の一〇月頃から腐敗臭が少しずつなくなってきましたので、私たちは、「ガマの通気性に優れた地下茎から酸素が沼底に供給されたことで、それまで嫌気性細菌が嫌気呼吸の結果腐敗を引き起こしていたが、好気性細菌の働きが活発になることで有機物が完全に分解されるようになり、腐敗臭が減少した」と仮説を立てました。

色々な検証実験を行いましたが、高校の生物部では限界がありますので、これで研究は終わりましたが、今でも水位を調節してやれば、ガマが毎年茂り、腐敗臭が発生することはありません。

このガマ池の取り組みのポイントは、もともと存在する自然のシステム（分解者の働きと酸素、ガマの通気性に富む地下茎）を健全に働くようにしてやることだけで、環境改善に結びつけることができたことです。その頃生物部では、自分たちが行った取り組みを〝何も足さない、何も引かない、自然のシステムの回復〟と自賛していたことを思い出します。

後日談になりますが、公園の整備でこの沼の水位を保ち沼としての環境を維持するために遮水シートを沼の堤防に入れたということでした。その結果沼の水位が上昇したのでしょう。結局、私たちが行ったことは、沼の水位を下げたことだけでしたが、結果として環境改善につながり、私たちに分解者が健全に働くために酸素が必要であることを認識させてくれました。この取り組みは、生物部員にとってすばらしい成功体験だったと思います。また、市役所などの行政と子どもたちが協働で行う取り組みは、当然行政から評価されました。子どもたちは〝地域のヒーロー〟になったのです。この〝地域のヒーロー感〟によって子どもたちの学習に対するモチベーションも高くなりました。

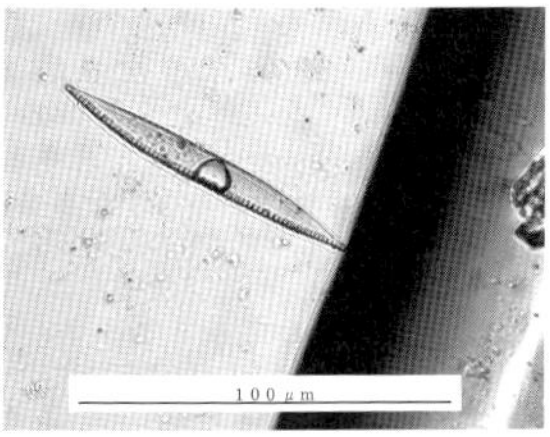

Nitzschia sigma

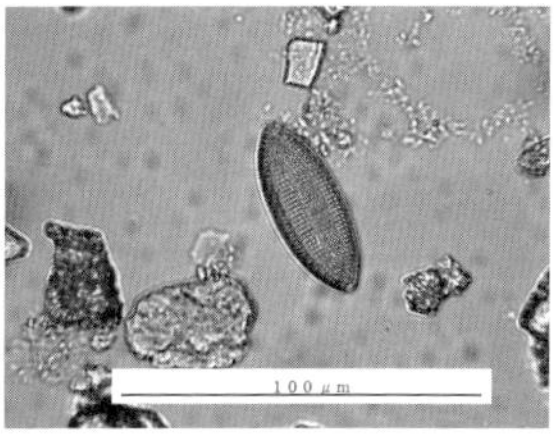

Tryblionella punctata

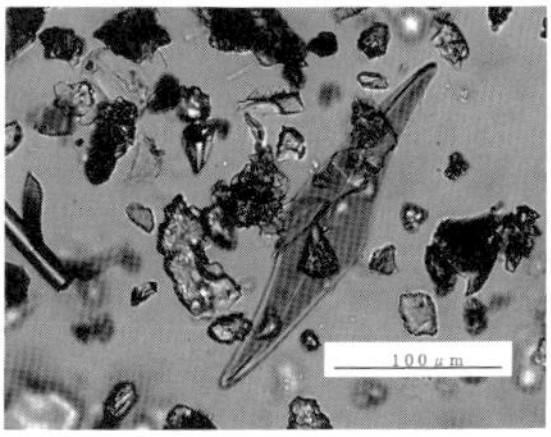

Gyrosigma sp.

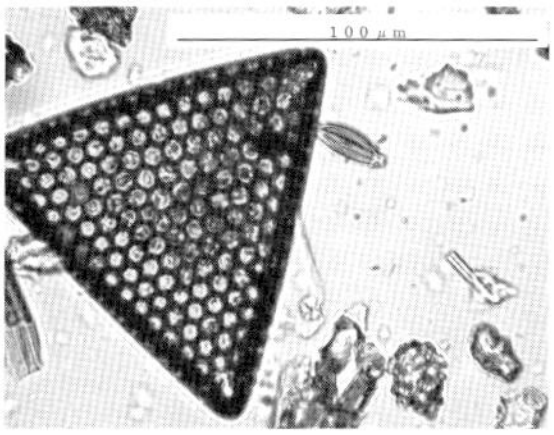

Triceratium favus

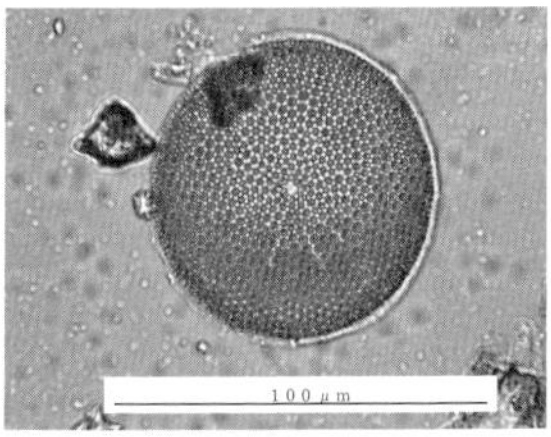

Coscinodiscus radiatus

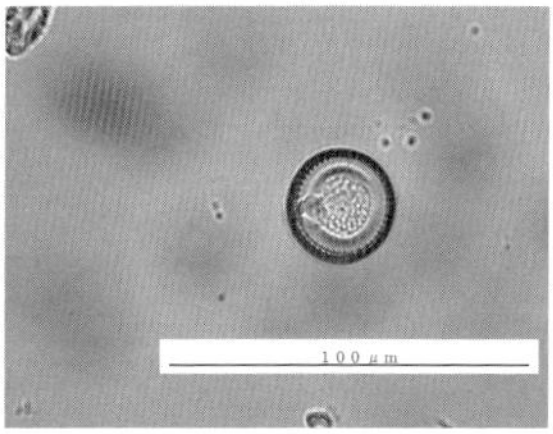

Cyclotella sp.

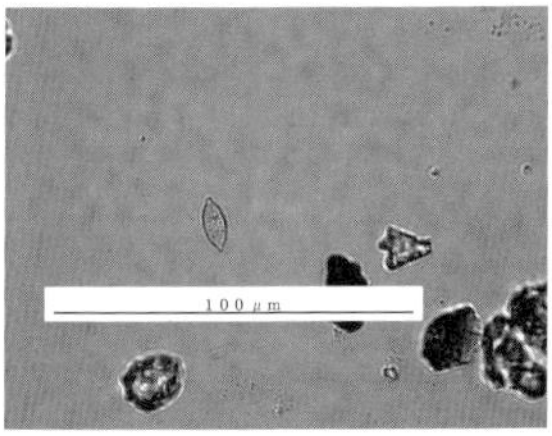

Navicula sp.

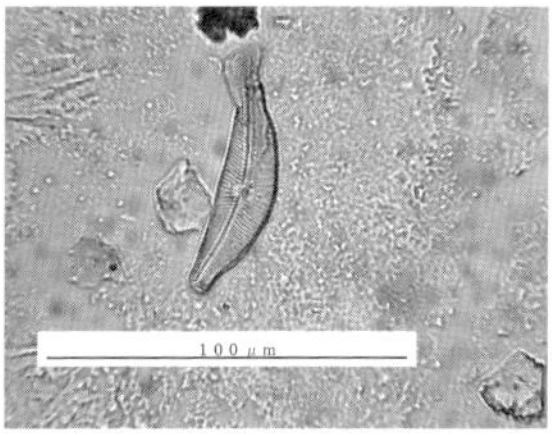

Cymbella sp.

写真56　福岡県立伝習館高校生物部による干潟の底生付着珪藻類の観察。柳川市塩塚川河口漁場実験区干潟（A ポイント）

伝習館高校に転勤し、〝ガマ池〟の次は〝有明海〟です。有明海の場合、ガマ池とは異なり規模が大きく、たくさんの要素が絡み合い非常に複雑ですが、その分面白さも大きいと思っています。しかし、案外、細菌や酸素、水、塩類濃度など、ガマ池から学んだことが使えるかもしれません。また、高校生が様々な団体と協働で環境改善活動に取り組むことによって教育効果が上がることは実証済みですし、地域も活性化されます。一生懸命やりましたが、残念ながらだめでしたでは、子どもたちの将来にも影響します。子どもたちに成功体験をさせてあげたいからです。ですから、失敗は許されないのです。

時間はかかるかもしれませんが、人の一生以上の時間がかかるかもしれませんが、驚きや感動などがたくさん得られ、楽しみながら活動できると思います。事実、内山さんや田中克先生、吉永郁生先生との出会いによって色々なことを学ばせていただきましたし、面白い有明海の生きものたち（写真56）との遭遇は知的好奇心を満たしてくれました。この一年間、とても面白い経験をさせていただきました。これからも学校で行う教育と学校以外で行う地域の人たちとともに行う地域環境教育との接点を模索していきたいと思っています。

4 有明海再生におけるNPO法人の役割

漁師の期待

平方宣清

私は有明海で四〇年、漁船漁業を生業としてきました。豊饒の海で冬のタイラギ漁、春アサリ漁、夏カニ、クルマエビ、アナゴ、シャコなど多種多様な魚介類が多く採れ、豊かな生活を送っていました。

しかし今、有明海は色々な公共事業や環境変化にやっと耐えていましたが、諫早湾干拓潮受け堤防閉め切りにより一気にバランスを崩し、大規模赤潮や貧酸素水塊の発生で魚介類が大きく減少しています。特にタイラギは大浦支所の基幹産業で、ダメージは測り知れないところです。このため後継者ができず、高齢化と人口減少で地域経済が落ち込み、地域崩壊につながらないか不安でいっぱいです。

そこで国・農水省に、早急に原因解明のため開門して調査をしてもらうよう要求していますが、漁業被害は認めないと混迷を深め、解決の糸口が見出せない状況です。

そのような中、二〇一〇年一〇月三〇日、柳川市三橋町公民館で有明海再生講演会があり、気仙沼で牡蠣養殖をされている畠山さんの「森は海の恋人」の講演を聴き、目からうろこでした。

また、主催者・田中克先生の有明海に対するひたむきな心に大きな感銘を受けました。その時、干潟漁場の調査をする所がないかと提

写真57　自らのアサリ漁場に再生への希望を託してキレートマリンを設置する平方宣清氏

案されました。遠いですが私のアサリ養殖場でよかったら使っていただいていいです、と申し入れました。

二〇一一年四月一九日、田中先生はじめ総勢三〇名以上で、早朝より漁場回復剤（キレートマリン）を船に積み込み漁場に沈め、潮が引いてから升目に並べてきれいに設置しました。皆さん、泥んこになりながらも楽しそう

有明海再生 国に頼れぬ

諫早開門期限から1カ月余

国営の諫早湾干拓事業（長崎県）の潮受け堤防排水門の開門期限から1カ月余り。国、開門派、開門反対派が歩み寄る気配はなく、有明海再生への道筋も見えぬままだ。それでも「宝の海」をよみがえらせたいと、それぞれの思いで行動を起こしている人たちがいる。

漁師ら実践、貝育つ

「生き残ってますね」

1月31日午後、潮が引いて干潟が姿を現した佐賀県太良町沖のアサリ漁場で、タイラギ漁師、平方宣清さん(61)の声が弾んだ。干潟には、アサリが呼吸する無数の穴が広がる。

諫早湾干拓事業の潮受け堤防からわずか10㌔ほど。ここで、大学の研究者らと干潟の再生実験に取り組んでいる。

平方さんが1985年から始めた約850平方㍍のアサリ漁場は、多いときで年間1500万円の水揚げがあったという。だが、「ギロチン」と呼ばれた潮受け堤防が海を閉めきった97年以降、赤潮が頻繁に発生してアサリが死滅。5～6年前から全く採れなくなった。「干潟は腐った臭いがして、砂地は真っ黒。一部はヘドロ化していた」

干潟の再生実験は2011年4月に始まり、1年ほど前からアサリの稚貝が再び見られるようになった。

平方さんは福岡高裁が約3年前に開門を命じ、確定した判決で勝訴した原告の一人だ。だが、国は開門期限を守らず、それどころか長崎地裁が昨年11月に「開門するな」との仮処分決定を出して以降、開門問題はさらに泥沼化。漁場回復への思いは実らぬままだ。

「もう国には頼れない。今は、この干潟再生に期待しているんです」

干潟の再生実験は、田中克・京大名誉教授が代表を務める「有明海再生研究会」が中心となって進める。竹炭と鉄粉を混ぜて成型したものを、40㍍四方の干潟に400個据え、アサリの餌となる微細な藻類が繁殖する環境をつくっている。

田中さんによると、藻類が増えれば、光合成が進んで水中に酸素を供給。さらに鉄粉によって、干潟の中のバクテリアが活性化してヘドロを分解、干潟再生につながるという。

今春、平方さんらは子どもたちに干潟を開放し、潮干狩りを楽しんでもらうつもりだ。

「干拓だけに縛られとっても、海の再生にはつながらない。次世代の子どもたちに有明海の豊かさ、海の大切さを感じ取ってほしい」　（江崎憲一）

佐賀県太良町沖の干潟でアサリの生育具合をみる平方宣清さん

デジタル版に動画

「残された時間少ない」

佐賀大の研究者 続く対立に焦り

「このままでは有明海が国に見放されてしまう」。佐賀大の速水祐一准教授はいら立ちを隠せない。

佐賀大、長崎大、九州大、熊本県立大は昨年4月、有明海を共同で観測するプロジェクトを発足。速水さんは太良町沖などで、ブイからつり下げた水温計や塩分計をチェックしている。

潮受け堤防の閉め切りから3年後の2000年冬、大規模なノリの色落ち被害が起き、漁業者らは「堤防閉め切りで潮流が弱まったのが原因だ」と開門を訴えてきた。だが、速水さんは「開門が有明海再生の切り札とは言い切れない」と慎重な見方だ。

もし開門すれば、どんな現象が起きるのか、シミュレーションにも取り組む。佐賀県や開門訴訟原告団が求める全面開門をすれば、排水門を中心に堤防の両側で強い潮流が起きて泥が巻き上がり、周辺のアサリなどの漁場が埋まる危険があるという。かといって、開門幅の小さい制限開門では潮流はほとんど変わらない――とみる。

ただ、開門による有明海再生への期待が全くないわけではない。

閉め切り前の諫早湾奥は、魚類の稚魚が大量に見られ、「有明海の子宮」とも呼ばれた。閉め切りで「子宮」は消えたが、02年に国が約1カ月の短期開門調査をした際、有明海奥部の底生生物の数が前年の4倍に増えた。

中立の立場ながら、開門を求める佐賀県内の研究者というだけで反開門派からは警戒された。反開門派がもつ漁場も調べたいと、長崎県の漁協幹部と約5時間話し合い、了解を得たことも。それだけに、開門をめぐる対立には焦燥感が募る。「有明海再生のため、沿岸自治体の連携が必要なのに。残された時間は多くない」　（東郷隆）

写真58　「朝日新聞」（2014年２月３日付）が取り上げた，自らの漁場に蘇るアサリを市民の潮干狩りに開放し，「宝の海」再生を願う平方宣清氏

に作業をされ、終了後バーベキューをして和やかな一日でした。

田中先生の多くの人と関わりを持ちながら海の再生に取り組む森里海連環学がこれなんだ、と思いました。これはきっと良い結果が出る。一筋の光明に希望がふくらみ、嬉しくてたまりませんでした。

畠山さんが「森は海の恋人」と話されたように、漁業者がいくら海を良くしようとしても限界があり、山や野で働く人とのつながりが重要です。そのため、多くの人に海に興味を持ってもらうことの大切さを学びました。

今、柳川でNPO法人SPERA森里海が誕生し、活動が有明海再生の起爆剤になると期待しています。学識者、市民、漁業者が共に行動し着実に成果を上げつつあります。

先に述べた私のアサリ漁場のアサリが、ここ五、六年全く収穫できなかったのですが、調査開始二年半で漁場の底質が改善し、アサリの稚貝が発生しています。この貝が今年の夏の赤潮、貧酸素に耐えられるか心配ではありますが、これを乗り越えれば大きな前進です。これもボランティアで参加していただいた多くの人の賜物です。

今年四月頃にSPERAの皆さんと潮干狩りをして、収穫の喜びを分かち合いたいと思っています。また市民にも開放し、有明海に興味を持ってもらい、親しんでもらえるようにできたらいいなと考えています。森里海連環学が、地道でも少しずつ確実に「宝の海」再生につながっていくことを切に期待しています。

第4章

瀕死と混迷の海・有明海再生への道

1

アサリの潮干狩り復活祭りに未来を託す

NPO法人 SPERA森里海・時代を拓く

二〇一四年四月一三日、長崎県との県境近くに位置する佐賀県・太良町の干潟は、子どもたちや高校生・大学生、そして童心に帰った大人たちの歓声と明るい笑顔にあふれました。前日まで続いた暖かい晴れの日から一変して、当日は朝から冷たい雨と風に見舞われてしまいました。主催者の間では、一体誰が〝雨男〟だろうと、思い当たる当事者の間での責任のなすり合いが火花を散らしましたが、参加者皆さんのこの上なく楽しそうな雰囲気が一気に吹き飛ばしました。冷たい雨をすっかり忘れるような掛け替えのないひとときとなりました（写真59）。

それは時を同じくして、昨年一一月に長崎地方裁判所が「開門差し止め」判決を出した裁判において、国が潮受け堤防設置による漁業被害に関する適切な説明を怠ったことに対して、四九名の佐賀県と長崎県の漁民が佐賀地方裁判所に訴えた「間接強制」の裁判に勝訴した直後でもありました。翌日、四月一四日はあの「ギロチン」と呼ばれた二百数十枚の鉄板による潮受け堤防水門の遮断が強行された日であり、この潮干狩り復活祭りは、その一七年目の〝記念日〟に対応した有明海再生の記念行事ともなりました。

そこは、ちょうど三年前に、全くの手探り状態から、漁師、市民、研究者の「有明海を再生させたい」との共通の思いによる連携のもとに、森里海連環の理念に根差した技術を使って、干潟再生実験が始まった場所なのです。その場所は、有明海と共に生き、有明海再生の先陣を切ってあらゆる努力を積み重ねてこられた太良

写真59　冷たい雨と風を吹き飛ばすかのように，蘇ったアサリの潮干狩りを楽しむ

町の潜水漁師・平方宣清さんが、三十数年前に砂を入れて泥干潟を砂泥干潟に変え、アサリの漁場にされた場所です。有明海が「宝の海」と呼ばれていたころには、平方さん一家がそれほど広くはないこの漁場でのアサリ漁だけで十分に生計が立てられるほどの水揚げが得られていました。しかし、次々と進む開発の波による有明海環境の急激な悪化の中で、漁獲量は次第に減少し、二〇一一年の実験開始時点ではアサリの収穫はほぼなくなり、そのままではこの漁場からアサリが完全に姿を消してしまうことさえ懸念されていた場所です。

二〇一〇年一〇月に柳川市で開催した第一回有明海再生シンポジウムを機に芽生え始めた人の輪、同年一一月にさいふや旅館に集まった一〇人の市民、漁民、研究者の会合、そして、三井物産環境基金による有明海再生の助成研究の採択などが次々とつながり、二〇一一年四月一九日に関係者三〇名近くが集まって、森の恵みである溶存鉄を周辺水中に溶出させる環境改善剤のキレートマリン四〇〇個を設置することにより、干潟に堆積した過剰の有機物を微生物的に分解して干潟を砂泥状態に戻し、また、アサリをはじめとする底生動物の餌となる底生微細藻類の増殖を促すことを想定して、干潟再生実験が始められました。

当初の一年は、京都大学の専門家や大学院生・学生が毎月この干潟を訪れ、キレートマリンの効果を科学的に明らかにする調査が続けられました。初期の数カ月を経過した段階で、キレートマリン設置区の陸側に隣接した干潟の底質が泥から砂泥状態に変化し、場所によっては砂の小さな畝《うね》が波打つような状態が現れました。これは、微生物活動の活性化により、有機物が分解された結果ではないかとの手ごたえを感じました。

しかしその後、自然を相手の実験にはつきものとも言える予想外の問題が生じ、精密な調査を進めることが不可能な事態に至りました。それは、干潟や浅海域にしばしば大繁殖するホトトギスガイという殻長二センチにも満たない小さな貝がマット状につながって（足糸を出して互いにつながり合い）絨毯を敷いたように広がり、四〇メートル四方

写真60　太良町実験干潟に蘇ったアサリの生き残りや成長を調べる市民と研究者

の実験区とその周辺域を被い尽くす事態に至ってしまったのです。さらに、悪いことに、この漁場を干潟再生実験のために提供いただいた平方さんが突如脊髄の損傷で倒れられ、先行きに大きな暗雲が立ち込めました。

もはや研究の続行は意味がないと途方に暮れる研究者を尻目に、有明海の再生は干潟の再生からとの思いを高めていった市民の皆さんは、自分たちにできることはなんでもやろうとの気概に燃え、次々とアイデアを出し、この間つながりの生まれた九州大学や長崎大学の学生たち、さらに柳川市民の皆さんの協力を得て、実験区からホトトギスガイを人海戦術で除去する取り組み、漁場に侵入してアサリなどを大量に捕食するナルトビエイの侵入を防ぐフェンス（網囲い）の設置、軟泥域に土嚢《どのう》を置いて実験場までの道造り、さらに、各地で施行されているアサリ増殖手法を試すなど様々な工夫を続ける中で、二〇一三年当初からアサリ稚貝が現れ出したのです。

このことに歓喜した私たちは、このアサリの生き残りと成長を追跡しようと、市民主導で二〇一三年七月以降毎月一回、「生き残れアサリ」の思いを込めて調査を進めました（写真60）。縦横二五センチ、高さ一〇センチの鉄の枠を、キレートマリン区を中心に干潟の陸側から沖側に設定した五つの定点に置いて、その中の底泥を採取して二ミリ目のフルイでふるった後、サンプルをさいふや旅館に持ち帰り、夕食後に皆でアサリの選別作業と殻長などの測定を行いました。「老眼にはきつい作業だ」などと冗談を言い合いながら、誰が一番小さなアサリを見つけるかを競い合って作業を楽しみました。このような単純作業の中で、私たちの有明海、干潟、アサリ、さらに市民による調査への思いは深まることになりました。

このような懸命の努力に自然が報いてくれたのか、最も危惧されていた貧酸素水や赤潮により大量斃死が起こる盛夏を無事に乗り越え、アサリはその後秋から冬を経て順調に成長し、この春「アサリの潮干狩り復活祭り」を迎えることになったのです。このような取り組みの中で、前に述べましたように二〇一三年三月にはさいふや旅館の周りに集まる多様な皆さんを核にＮＰＯ法人「ＳＰＥＲＡ森里海・時代を拓く」が生まれ、太良町干潟を〝スペラランド〟（スペラは希望や信頼を意味します）と名付けて、有明海再生につなげる子どもたちの環境教育の場、とりわけ有明海の不思議な生きものを観察し、この海の豊かさと秘められた生きものたちのたくましい生命力（再生力）を学んでもらう場にしたい、との思いが膨らみました。この思いは平方さんの有明海再生への思いとも重なり、蘇ったアサリ漁場を子どもたち（親子）や若者に開放して、潮干狩りを楽しんでもらうことになりました。

三年前の二〇一一年四月一九日には、三〇名近くの皆さんがキレートマリンの設置作業に加わり、人の輪づくりが始まりました。そして、三年の時間を経て、二〇一四年四月一三日には、蘇ってくれ

干潟再生 研究者と市民心一つ

有明海 希望のアサリ

佐賀・太良町 実験で増加の兆し

かつて「宝の海」と呼ばれ、今は「瀕死《ひんし》の海」と言われる有明海。最盛期の50分の1まで漁獲高が落ち込んだアサリを呼び戻そうと、佐賀県太良町の干潟で続く再生実験で今年、5、6年ぶりという生息数が確認された。「多くの人に有明海の現状を知らせたい」と実験の場を提供した地元漁師の願いと、それを受け止めた研究者。人の輪が有明海再生への希望の光をともす。

㊤数年ぶりの生息数を確認したアサリを収穫し、笑顔を見せる高校生
㊦実験場となった干潟に置かれた環境改良剤。鉄分が溶け出して環境改善につなげる

「ほら、砂地が厚くなっている。3年前は完全に泥でした」。今月、実験場の干潟で行われた潮干狩りイベント。京都大名誉教授の田中克《まさる》さん(71)が干潟に差し込んだスコップを引き上げ見せてくれた。大きいもので3・5㌢はあろうか。集まった家族連れや高校生は歓声を上げ、熊手で次々とアサリを掘り出した。

2011年4月の実験開始時、干潟はヘドロ状でアサリはほとんどいなかった。35年通い続けて研究してきた田中さんは「有明海の命の源は筑後川」が持論。筑後大堰《おおぜき》の建設で、上流の森から流れてくるはずの鉄分が不足しているとみる。

実験は40㍍四方の干潟に、鉄を含む環境改良剤を2㍍おきに計400個置いて行われた。鉄を補うことでアサリの餌の植物プランクトンを増殖させるとともに、ヘドロを分解する微生物を活性化させる狙いだ。

きっかけは10年10月、田中さんが代表を務める有明海再生研究会が開いたシンポジウム。コーディネーターの田中さんが会場の男性を指名すると、こんな言葉が返ってきた。「高邁《こうまい》な理念は分かった。再生への具体策を示して」。干潟を提供した同町の漁師、平方宣清さん(61)だった。

実験は順調とは言えなかった。数カ月後、砂が増えてきたと思ったら間もなく干潟を覆い尽くす二枚貝が増殖。アサリが窒息死しないよう、学生らが手作業で取り除いた。満潮時にアサリを食べに来るエイの侵入を防ぐフェンスも張った。

昨年秋。平方さんは干潟に広がる貝の巣穴を見つけた。5、6年ぶりのことだ。「またアサリが採れるかも」。心が躍った。研究会は今回の潮干狩りで、25㌢四方、深さ10㌢の範囲ごとに大小約250個のアサリを確認。「人と人、人と自然がつながる喜びを感じます」。実験をサポートする福岡県柳川市のNPO法人「SPERA森里海 時代を拓《ひら》く」理事長の内山里美さん(51)も笑顔を見せる。

実験場に潮が再び満ち始めた。沖合約300㍍まで引いていた海が干潟に迫る。「おーい、気づいたごみは拾って行こう」。岸に向かう高校生たちの声が響いた。

（藤崎真二）

写真61　高校生が潮干狩りを楽しむ（「西日本新聞」2014年4月23日付）

写真62　「アサリ潮干狩り復活祭り」を有明海の再生につなげていく可能性を秘めた柳川の高校生や有明海の外から集まった大学生

たアサリのおかげで、人の輪はさらに大きく広がりました。特に、次の時代を担う子どもたち、高校生、大学生など若い世代への広がりは何物にも替えがたい〝宝もの〟になるのではないかと思われます。まさに、「宝の海」の再生は、人の輪というもう一つの〝宝もの〟の再生にかかっていることを実感することになりました。

二〇一一年の最初にこの地に集まった人たちのうち、十数名が再びにこの地でアサリ復活の喜びを確認しましたが、冷たい雨の天候にもかかわらず、それ以外に四〇名以上の新たな皆さんが集まったことは、未来志向と次世代目線のNPO法人SPERAの取り組みが確かなものであることの確認にもなりました。そして、再起不能かと危惧された障害を見事に克服して、潮干狩りの場を提供された平方宣清さんの、二〇一一年四月一九日の笑顔にも優る、笑みと喜びが全身にあふれる姿に、私たちの目頭は熱くなりました。

冷たい雨の一日を、記憶に残る一日にしてもらおうと、何日も前から現場にテントを設営するために山から竹を伐り出し、バーベキューの諸準備を行い、また、柳川市から大型バスで現地との間を往復する段取りを整え、さらに、関係者にこの行事を周知する作業を行うなど、SPERA会員はじめ多くの皆さんの縁の下の力持ち的作業がつながり、〝歴史的〟と言えるような一日になりました。

こうした苦労は、アサリを持ち帰りすぐに試食された参加者から、「これぞ、懐かしい有明産のアサリの味だ」と感激の感想をいただき、喜びに変わりました。森里海のつながりを土台に、人と自然、人と人を紡ぎ直し、私たちの続く世代に持続社会を送り届け得る道筋を確認することができました。まさに、アサリの再生（有明海の再生）を〝人の輪〟から実現する道の共有です。この日が、将来、有明海再生の節目になったと言われるよう、今後もSPERAの活動を皆で〝楽しみながら〟広げていきたいと願っています。

（文責・田中　克）

蘇ったアサリの潮干狩り祭りに参加して

八女高校2年　大坪　勲

私たち八女高校自然科学部生物班は、普段は福岡県指定の絶滅危惧種「アサザ」の保護観察やクロモの調査ばかりで、大会以外では市外にほとんど出ず、ましてや海の方へはほとんど行ったことなどなく、有明海のことを聞くとすれば、大会の中で他校の発表で耳にするくらいでした。

私は今回、人生初の潮干狩りという形で有明海へ足を踏み入れることになりました。前日にキレートマリンやカキ殻についての講演会に参加して、ほんの数年前までにほとんどの生物が有明海から姿を消したということを聞いていたので、想像していたより多くの生物に出会うことができびっくりしました。個人的にも海にほとんど行ったことがない自分からすると、本当にここは、ほんの数年前まで生物がほとんどいないような海だったのかとすら思いました。アサリはもちろん、シオフキガイやゴカイ、カニ、カキ、ヤドカリ、知識の浅い自分からすれば、「お前生物かよ！」というような得体の知れないゲル状の透明な生物や、イカの卵まで見ることができました。特にアサリに至っては掘れば出てくるという感じで、採っていてとても楽しかったです。

しかし、範囲が狭いとはいえ昔から海に関わっていらっしゃる漁師の皆さんからすれば、これでもアサリの量は最盛期からして一〇分の一にも満たないと言われるので、元はどれぐらいいたのかと想像しようとしてみましたが、今見ている量の一〇倍以上となると想像しきれませんでした。このことから、「いなくなってしまうのは一瞬でも、呼び戻すのにはとても長い年月が必要になる」ということを実感することができました。

今回の潮干狩りでは、少しずつではありますが、キレートマリン、カキ殻がどれほど漁場の環境を改善する力を持っているかということを改めて実感しました。まさに「百聞は一見に如かず」でした。そして、ほとんど海と関わることのなかった身としてはかなり貴重な経験をさせていただきました。

八女高校２年　三宅大智

今回の復活祭に参加して感じたことは、現在の有明海が昔の有明海に戻りつつあるということです。

昔の有明海は多くの生物が生息・共生していたと聞きました。しかし、人が作った工場の排水が海に流れ出し水質が悪化するといった話や、水門を作りそれを閉鎖することによって山から流れてきた養分が海まで流れず、生物が今まで食べていた餌が無くなるなどということにより、有明海の固有種が絶滅の危機にさらされているといったことをよく耳にします。このような環境の悪化や種の絶滅には人間の活動が関わっています。また、有明海の水質の変化の原因として、海苔の養殖も関係していると思います。元々ちょうど良い量の養分があった場所で大量の海苔を育て、そこに肥料や農薬を散布しているので、環境が悪化しているとすぐに分かります。

しかし、有明海を昔のような豊かな姿に戻そうとする活動を多くの団体や研究者が行っています。その成果が今回のようなアサリの復活祭だと思います。アサリだけでなく様々な生きものを観察することもできました。絶滅した生物はもう戻ってきませんが、生存している生物を助けることは今からでもできます。あいにくの雨で気温も低かったけれども、楽しく活動することができました。

これからは、人間と生物が共存していけるような社会をつくるために全ての人が環境について考え、普段の生活の悪い点から改善していくことで、地球上の全ての生命が暮らしやすくなり、地球温暖化などに歯止めをかけることもできると思います。これからも、このような活動に参加して、多くのことを学びたいと思います。

……………………………………………………

八女高校２年　田島大暉

私は今回の復活祭に参加することで、有明海の一部の生態系が崩壊し、生息している生物の数が減少していたこと、また、それを元に戻そうというプロジェクトが行われていることを初めて知り、自分の身近なところでこんなことが起こっていることにとても驚きました。

復活祭当日はあいにくの雨でしたが、無事に決行されました。潮干狩りを行う実験区は少し沖の方にあり、そこへ行くまでの道には土嚢《どのう》が置いてあったものの、そこから一歩踏み外せばぬかるんでいて、履いている長靴の八割程が埋もれてしまうような状況でした。しかし、実験区へ入ってみると、多少はぬかるんでいましたが、実験区の外と比べると比べものにならないくらい足場がしっかりしていて、驚き、感動しさえしました。

実際に潮干狩りを始めると、最初はシオフキガイという少し大きめの貝ばかりが出てきました。もう少し掘り進めるとアサリが出始め、体感で一キロ程のアサリを採ることができました。一度生態系が崩壊していたということを考えると、これはとてもすごいことだと思い、有明海を再生させるプロジェクトに少なからず興味を持ちました。この復活祭で採れたアサリを食べたのですか、砂が全く入ってなくて、実《み》が詰まっていてプリプリしていておいしく食べることができました。

私はこの復活祭に参加して、やはり自然に対して人間の与えた影響によって環境が悪化し、生態系の崩壊などの問題を引き起こしているのだろうと考えました。そして、NPO法人のSPERAの皆さんが行われている活動に興味を持ちました。また、今後もこのような機会があれば、できる限り参加したいし、少しでも環境の改善に役立つことができればいいなと思いました。

…………………………………………

八女高校2年　森光建太

見渡す限りに広がる、広大な干潟。私たちは土砂降りの中、目当てであるアサリを探しました。

話は少し逆のぼって、ある日の放課後のこと、三年生の先輩が潮干狩りに、私たち二年生メンバー全員を誘ったことから始まりました。我々八女高校自然科学部生物班は、いつもアサザやクロモとにらめっこしていますが、今回は有明海についてだったので、有明海のことを知るチャンスだと考え、二年メンバーの全男子部員が参加することになりました。

ここで、私が知っている有明海についての乏しい知識を少し書かせていただきます。有明海はその昔、まるで自然の宝石箱というぐらいに、沢山の生きものがいたそうなのですが、ある時から生きものが少なくなっていったそうです。そこで、キレートマリンなどを使い、生態系を戻す活動をしていたそうです。そして、その活動の結果が今回のアサリということになります。

さて、話は戻りますが、当日のことです。私の格好は、上下カッパを着てその下はシャツ一枚という服装で、あいにくの土砂降りのせいもあってか、ふるえあがり、全身に鳥肌が立つというふがいない状況になってしまいました。

しかし、そんなことでめげるわけにもいかず、私は干潟に入り、早速アサリを探してみました。しかし、アサリは私のことが嫌いなのか、はたまた照れているのかよく分かりませんが、いっこうに出てきてくれませんでした。

そんな時、二つの情報が私の耳に入ってきました。情報の一つ目は、キレートマリンの近くにたくさんアサリがいるとのこと、もう一つは穴がいっぱい開いている所にいるとのことでした。私はその二つの情報を満たしている場所を探し、アサリを探してみると、これまでが嘘だったかのようにアサリが採れました。もちろん、小さいものはリリースし量を必要な分だけにするという、生態系への配慮も行いました。こうして、私のアサリ採りは幕を閉じました。

その後、私はバーベキューを楽しみました。そこで、いつの間にかおにぎり係になっていたことは別の話です。

最後に、私がこの潮干狩りを通して感じたことを書かせていただきます。今回の潮干狩りで感じたことは二つ、一つは、自然と触れ合うことの楽しさ、もう一つは生きものたちのたくましさでした。生きものたちは、最近の若者とは違って環境を整えてあげれば、またたくましく繁殖します。しかし、現在人間の手によるものなのか、はたまた違うものかは分かりませんが、再び繁殖することもできず、絶滅していく生物も多いように感じます。私たちの使命は、この豊かな自然をさらに豊かにしていき、後生に引き継いでいくことだと思います。


…………………………………………………

八女高校2年　堤　悠一郎

先日私は、カキ殻による漁場改善セミナーと、二度目の干潟体験として潮干狩りに参加させていただき、自分の目で見ることの大切さを強く感じました。

まず、セミナーで聴いたことの中で最も印象に残っているのは、講演会の終盤、質問の時間に出た「水清ければ魚棲まず」という言葉です。本来の意味とは少し違うようなのですが、こちらの解釈の方がしっくりくる気がします。私の今まで持っていた綺麗な水辺のイメージは水が透き通っているイメージでしたが、そうなると魚が棲みにくくなるという感覚は有明海に来て初めて得たものでした。

また、もう一つ印象に残っているのは「有明海の微生物は銀行」という言葉です。以前に部活動で微生物と周囲の環境についての活動をしていましたが、まさしくこの環境こそ微生物と環境が密接に絡み合っている環境だと言えると思いました。

セミナーの次の日に潮干狩りに行きましたが、実はこれが生まれて初めての潮干狩りでした。人生初の経験であったということもあってか、やはりかなり新鮮な感じがしました。また当日はあいにくの雨でしたが、今回の潮干狩りで雨の有明海という別の有明海の一面を見ることができたので、ある意味ラッキーであったと言えるかもしれません。

干潟では、ゴカイにシオフキ、ミドリシャミセンガイなど多種多様な生きものたちと出会いました。出会った生きものたちの中で最も印象に残っているのはゴカイです。ゴカイは掘ったらすぐに見つかりましたが、このような分解者もたくさんいるということは、やはり豊かな海を象徴していると聞いたことがあります。ゴカイの発見で、有明海は豊かな海に復活する!! という実感を与えてくれた生きものでした。

今回の経験で、講演を聴いた上で現地に行くことは本当の理解をする上でとても大切なことであるということを感じました。これからもフィールドに出ることを大切にしていこうと思います。

……………………………………………

伝習館高校3年　塩山沙弥

人生初の潮干狩りでした。私は今回友人からこの話を聞いたとき、少しでも生物に興味を持つきっかけになればと思い、参加させていただきました。キレートマリンという言葉を初めて耳にしました。

そして、それがアサリ復活の秘密兵器となっていたことも初めて知りました。三年もの月日の中で、この復活に多くの人が携わり多大なる苦労をされたんだと感じました。

干潟の土で泥まみれになりながら、自然と触れ合うことで、生物についてもっと知りたいと思いました。貴重な体験をさせていただき、ありがとうございました。三年ぶりに復活したアサリは、これからの海の将来に希望の光をもたらしてくれたと思います。

……………………………………………

伝習館高校3年　佐藤恵梨香

この経験は私にとって、人生初めての潮干狩りとなりました。雨に打たれながらでしたが、とても楽しく、充実した一日を過ごすことができました。この潮干狩りで私は、自然の強さに気づくとともに、未来への希望を感じました。

正直に言うと、アサリを採りはじめるまで、採れたとしても、十数個ぐらいだろうと思っていました。しかし、私の予想に反して、アサリは溢れるようにたくさん出てきました。キレートマリンの近くでは、さらに大きなアサリがたくさん出てきました。

次の日、母がアサリ汁を作ってくれ、食べてみると、実が大きくぷりぷりしていてとても美味しかったです。三年間という短い期間で、キレートマリンを設置するだけで、こんなにも干潟の環境が回復したことに驚き、また、こうした少しの工夫で海の環境が回復するのならば、自然破壊が進むこの地球も、私たちの少しの努力で直ぐに回復させることができるのではないかと思いました。

ずっと未来になっても潮干狩りがしたい、と強く思いました。

料金受取人払郵便

福岡中央局
承　認

4193

差出有効期間
2015年２月28
日まで

●切手不要

郵便はがき

810-8790

272

福岡市中央区

舞鶴１丁目６番13号 405

図書出版 花乱社 行

通信欄

❖ 読者カード ❖

小社出版物をお買い上げいただき有難うございました。このカードを小社への通信や小社出版物のご注文（送料サービス）にご利用ください。ご記入いただいた個人情報は，ご注文書籍の発送，お支払いの確認などのご連絡及び小社の新刊案内をお送りするために利用し，その目的以外での利用はいたしません。

新刊案内を［希望する／希望しない］

ご住所　〒　　—　　　　☎　　（　　　）	
お名前　　　　　　　　　　　　（　　　歳）	
本書を何でお知りになりましたか	
お買い上げの書店名	有明海再生への道

■ご意見・ご感想をお願いします。著者宛のメッセージもどうぞ。

2 森里海連環による有明海再生の展望

もう一つの提言

田中　克

本書の目的としました「森里海連環の理念のもとに有明海の再生を見通す」全体像はすでに第2章1にまとめたとおりです。それは、この三年間進めてきました三井物産環境基金による助成研究「瀕死の海、有明海の再生——森里海連環の視点と統合学による提言」の骨子でもあります。ここでは、この間の成果のまとめを異なった視点から眺め、今後の有明海再生のみならず、我が国全体の森と海の結節点である〃水際〃の再生につながる道とその意義について述べてみます。

▽大震災に学ぶつながりの大切さ

我が国は、二〇世紀後半において世界が驚嘆する目覚ましい経済成長を成し遂げ、物質的豊かさを実現させてきました。しかし、それらの過程で生み出された様々な目に見えないひずみが、少子高齢化を伴って進む社会の成熟の中で次第に表面化し、将来への不安が国を被い始めました。そして、二〇一一年三月一一日の巨大な地震と津波の直撃により、潜在的不安材料が一気に現実のものとなりました。一方、この東日本大震災は、私たちが大量生産・大量消費の物質文明に〃うつつを抜かす〃中ですっかり忘れ去っていた、人と人のつながり、絆の大切さを思い出させてくれることにもなりました。それは、先人が大切にしてきた縁の下の力持ち的存在やその価値への思いを高めることにもつながりました。

再起不能と思われるような壊滅的被害を受けた三陸の漁師は、それでも「海と漁業は必ず復活する」との信念を崩すことはありませんでした。それは「水際は壊滅しても、その背景に確かな森が存在する限り、必ず復活する」との、長い年月をかけて現場で培われた信念なのです。我が国が抱える社会の様々な問題も、本来豊かであった自然が抱える深刻な問題も、それらの解決のキーは〝つながりの再生〟です。多様なつながり、目に見えないつながりの再生こそ、有明海の再生の基本でもあります。

▽時間を超えたつながり　次の世代のために汗を流そう

依然として市場原理主義に基づく目先の経済成長が最優先され、人類生存の基盤として掛け替えのない自然がますます崩される先に、本当に私たちの続く世代は幸せになれるのでしょうか。前に述べたつながりの中身は、ここでは時間を超えて、私たちが自然と先人の知恵に学び、続く世代にしっかりと送り届けることと言えます。私たちの暮らしも産業の在り方も、次世代の真の幸せにつながることを最も優先する「次世代目線」こそ、有明海再生のカギになると思われます。

それは、〝森の時間〟でもの考えること、と言い換えることができそうです。奈良の吉野林業は、七世代先の子孫のために木を育てる時間のつながりの中で営まれています。木々は、時間をかけてゆっくりと根を張り、成長とともに二酸化炭素吸収力や酸素供給力を高め、鳥や昆虫に棲み場や餌を提供し、腐植土層を形成して海に豊かな水を送り届けるなど、縁の下の力持ち的役割を人知れずこなしているのです。

科学とそれに基づく技術は、私たちの暮らしや産業の進展に大きな貢献をもたらし、その進歩には目を見張るものがあります。しかし、この一見万能と思われる科学や技術も、千年の大樹を瞬時にして生み出すことはできないのです。時を重ねることのみが大樹を生み出す〝重み〟に、人はその前では厳《おごそ》かさを感じ、謙虚に自らを見つめ直すことができるのだと思われます。有明海に関わる私たちは、一度大樹の前で謙虚さや他者を思いやる気持ちを取り戻し、じっくり話し合ってみることが必要ではないでしょうか。

▽空間を超えたつながり　遠くの隣人を思う

「森は海の恋人」は、まさに森と海という地球上の二大生物圏の不可分のつながりを表現したものです。本来、森と海のつながりは、海から蒸発した水が雨や雪となって陸上に降り注いで森を育み、森はその水を長い時間貯えて栄養分を強化させ、海に送り届けるのです。

しかし、森里海連環学が森と海の間に介在する〝里〟の存在を重視するように、流域の里に住む人々の価値観によって（暮らしや産業の在りようによって）、そのつながりはプラスからマイナスに変わってしまいます。陸に住む暮らしや経済のために自然界にはない多くの人工合成化学物質が次から次へと生み出されていますが、中には生態系を破壊し生物を死に至らしめる物質も少なくありません。放射性物質はその最たるものと言えます。それらは地震、津波、台風、集中豪雨などの自然災害の度に陸から海に流れ、海洋生態系に深刻な影響を与え続けているのです。治水のために川に設けたダムが砂を溜め込み、海辺の浜や干潟を痩せ衰えさせていることも、同じ問題なのです。

二〇一〇年は国連が定めた「生物多様性年」でした。東南アジアの熱帯雨林の〝賢人〟オランウータンに典型的に見られるように、多くの希少生物の生存が危機的状況に陥っています。伐採された熱帯雨林の材木を、またその跡地を農園に変えて大量の農薬や肥料を使って作られたパームオイルを安易に使用する私たちは、オランウータンの絶滅に加担していると言えます。この「リモート・レスポンシビリティー」と呼ばれる都市に住む多くの消費者の価値観が、地球や地域の環境問題の解決に極めて重要な意味を持つ時代なのです。有明海の海苔養殖に大量の酸や肥料を使用し続けることに対して、農作物と同じように〝無農薬〟海苔を指向する消費者が増えれば、見直しの流れが生まれるものと思われます。

▽つながりの輪を広げる　対立から協調へ

東日本大震災は、「共に生きる」ことの大切さを教えてくれました。端的には絆に代表される人と人のつながりであり、また海洋国日本では海と人のつながりです。さらに、同じ水に依拠する農業（農産物）と漁業（水産物）のつながりです。今の世界に蔓延するこれらの間に見られる断絶と対立からは、続く世代の幸せを保証する確かな贈り物を、今を生きる私たちの責任として、届けることはできません。〝隣人〟を思い、〝続く世代〟のために汗を流すことは、自らの心を豊かにし、お金では買えない生きる喜び（生きがい）を得ることにもつながるのです。柳川市に生まれたＮＰＯ法人「ＳＰＥＲＡ森里海・時代を拓く」の原点であり、目指すところでもあります。

有明海、とりわけ瀕死の海の象徴的存在である諫早湾の再生には、このような対立から協調への〝歴史的な大転換を基礎に、諫早湾の自然環境（とりわけ水際環境）の復元、この地の農業と漁業の同時的振興、両者に深く関わる林業の再生、モデル的総合農業の指向、それらを基盤にした観光、自然と触れ合う環境教育、持続第一次産業などを総合的につなげることにより、地域経済を循環させるモデル的「特区」に定めて、国と地方自治体が世界に誇る〝災い転じて福となす〟日本の知恵を示すことができれば、有明海域のみならず、我が国全体に大きな希望の灯をともすことになるのです。それが、森里海連環思想からの有明海再生への提言です。

■参考文献

石田秀輝『自然に学ぶ粋なテクノロジー』Dojin選書022、化学同人、二〇〇九年
井口次夫『諫早湾干拓地と消えた干潟』井口次夫編集・発行、二〇一一年
植田和弘『緑のエネルギー原論』岩波書店、二〇一三年
内山 節『里という思想』新潮社、二〇〇五年
大橋 力『音と文明』岩波書店、二〇〇三年
川合真一郎・張野宏也・山本義和『環境科学入門――地球と人類の未来のために』化学同人、二〇一一年
京都大学フィールド科学教育研究センター編（山下洋監修）『森里海連環学――森から海までの統合的管理を目指して』京都大学学術出版会、二〇一一年
京都大学フィールド科学教育研究センター編（向井宏監修）『森と海をむすぶ川――沿岸域再生のために』京都大学学術出版会、二〇一二年
佐藤正典編『有明海の生きものたち――干潟・河口域の生物多様性』海游舎、二〇〇〇年
佐藤正典『海をよみがえらせる――諫早湾の再生から考える』岩波書店、二〇一四年
座小田 豊・田中 克・川崎一朗『防災と復興の知――3・11以後を生きる』大学出版部協会、二〇一四年
白岩孝行『魚附林の地球環境学――親潮・オホーツク海を育むアムール川』昭和堂、二〇一一年
瀬戸内海研究会議編『瀬戸内海を里海に――新たな視点による再生方策』恒星社厚生閣、二〇〇七年
田中 克『森里海連環学への道』旬報社、二〇〇八年
田中 克『森里海連環――人と自然を紡ぎ、持続社会を拓く』ACADEMIA144号、二〇一四年
デヴィッド・スズキ（辻信一訳）『いのちの中にある地球 最終講義 持続可能な未来のために』日本放送出版協会、二〇一〇年

中尾勘悟『有明海の漁』葦書房、一九八九年
日本海洋学会編『有明海の生態系再生をめざして』恒星社厚生閣、二〇〇五年
日本魚類学会自然保護委員会編（田北徹・山口敦子責任編集）『干潟の海に生きる魚たち――有明海の豊かさと危機』東海大学出版会、二〇〇九年
畠山重篤『森は海の恋人』文春文庫、文藝春秋、二〇〇六年
畠山重篤『牡蠣礼讃』文藝春秋、二〇〇六年
畠山重篤『鉄が地球温暖化を防ぐ』文藝春秋、二〇〇八年
広松　伝『よみがえれ！〝宝の海〟有明海』藤原書店、二〇〇一年
松永勝彦『森が消えれば海も死ぬ――陸と海を結ぶ生態学』講談社、二〇一〇年
藻谷浩介・ＮＨＫ広島取材班『里山資本主義――日本経済は「安心の原理」で動く』角川ｏｎｅテーマ21、角川書店、二〇一三年
安田喜憲『稲作漁撈文明――長江文明から弥生文化へ』雄山閣、二〇〇九年
吉澤保幸『グローバル化の終わり、ローカルからのはじまり』経済界、二〇一二年
吉永郁生『森里海連環からみた有明海の窮状と新たな視点としての微生物の役割』ＡＣＡＤＥＭＩＡ１４０号、二〇一三年
和田恵次『干潟の自然史――砂と泥に生きる動物たち』京都大学学術出版会、二〇〇〇年

おわりに

本書は、二〇一一年度から三年間にわたる三井物産環境基金の助成研究「瀕死の海、有明海の再生――森里海連環の視点と統合学による提言」の成果、とりわけ多様な人々に森と海のつながりに深く関わる〝里〟(流域)に暮らす人々の価値観の大切さを伝え、それに基づいた有明海再生への道を広げつつある成果をまとめたものです。それは、空間と時間を超えた人の輪づくりの三年間の軌跡とも言えます。

研究が始まった二〇一一年四月の時点では予想もつかなかった広がりが、この三年の間に生まれました。そのきっかけを提供いただいたのは、佐賀県藤津郡太良町の潜水漁師・平方宣清さんの「有明海を宝の海に蘇らせたい」との、誰よりも強く熱い思いによります。そして、柳川市のさいふや旅館に集まる多様な人々を中心に、特定非営利活動法人「SPERA森里海・時代を拓く」が、自然発生的に生まれることになりました。それは、研究者による基礎研究の推進と市民や漁民による有明海再生の取り組みをつなぐ上で、新たな道を開きつつあります。SPERA(ラテン語)は希望や信頼を意味し、この中に私たちの思いが詰まっています。その思いが、二〇一四年四月一三日に、助成研究による干潟再生実験の中で蘇ったアサリの「潮干狩り復活祭り」として実を結びました。私たちの希望・信頼は、未来への確信に結びつくことになりました。

このNPO法人の事務所であり溜まり場でもあるさいふや旅館の喫茶室には、毎晩いろいろな地元の人々が集まり、有明海の干潟の再生や地元の掘割の環境修復、それと結びつけた子どもたちの環境教育などについての思いが飛び交っています。調査のためにいろいろな分野の研究者が訪れると、次の日の朝から調査があるのを忘れてしまったかのように、深夜まで〝激論〟が交わされ、ソファーでそのまま寝入ることもしばしばありました。ここにも異なった分野の人々がつながる源があったように思われます。

本助成研究が人の輪作りにおいて画期的な成果を収めるに至りましたのは、ひとえに研究費を助成していただきました三井物産環境基金の賜物です。充実した新たなタイプの研究を縦横に展開させていただき、感謝に堪えません。三年間を通して毎月一回、総計三四回に及ぶ現地調査の実施、毎年一回各地で開催し続けてきた数百人規模の「有明海再生シンポジウム」の定着、京都における四回の研究者と研究支援者の交流を図る有明海再生研究会の開催、さらに、それらの諸活動をまとめた本書の出版を実現する上で、本研究助成はなくてはならないものでした。

有明海再生の柱と位置づけてきました「有明海再生シンポジウム」の成功には、毎年、非常に多忙な中を必ず駆けつけて下さった、森は海の恋人運動の推進者・畠山重篤さんのご尽力によるところが大です。本助成研究の中で生まれたNPO法人「SPERA森里海・時代を拓く」は、有明海の再生のみならず、この国と世界の確かな未来にも深く関わる「森は海の恋人」と「森里海連環学」の連携を進めたいとの思いを深めています。その成果を続く世代と世界に伝える〝西の拠点〟となり、先行する〝東の拠点〟であるNPO法人「森は海の恋人」との協同をさらに大きく膨らませたいと願っています。

河口域を中心とした筑後川流域の調査と太良町での干潟再生実験には、全国各地の研究者一三名と多くの大学生・大学院生が関わり、延べ二百数十人／日にも及びました。また、三四回の調査には多くの研究支援者が参加し、その中心的メンバーは二〇名を超え、延べ人／日は二〇〇日を超えました。さらに、毎回、干潟再生実験の視察や取材をはじめとして実に多様な人々の出会い（面談）の機会が重なり、七〇名を超える数に上っています。さらに、助成研究の後半には、これからの有明海再生の主役になるべき地元高校の生徒さんたちと干潟体験教室を通じてつながりが生まれ、その輪が広がったことは、今後の活動に大きな希望を与えるものとなりました。このような多様な人の輪の広がりに、本助成研究の真髄が見られます。

本助成研究を受け入れ、有明海再生研究会の開催とともに有益なご助言をいただきました公益財団法人国際高等研究所の尾池和夫前所長（現京都造形芸術大学学長）並びに志村令郎現所長に感謝申し上げます。多くの研究者や市民が関わる複雑で多様な調査並びに分析などに関する煩雑な事務的処理を柔軟にこなしていただいた研究支援部の間部幸さん、富田美紀さん、森口有加里さんのご尽力なしには、本研究は進みませんでした。心よりお礼を申し上げます。京都大学フィールド科学教育研究センター河口域生態学分野の黒河七菜子さんには、事務的処理の前段階におけるいろいろな仕事や研究代表者の各地でのプレゼンテーションの準備などをお手伝いいただき、本助成研究の成功を支えていただきました。

最後になりましたが、本書の出版の意義をよくご理解いただき、期日が迫る中で全面的にご協力いただきました花乱社代表の別府大悟さん並びに宇野道子さんに、厚くお礼申し上げます。

折しも、宮城県気仙沼市の舞根湾に、森から海までのあらゆるつながりに関する研究と教育を世界に展開する拠点として「舞根森里海研究所」が設置され、桜が満開の中で盛大に竣工式が行われました。近い将来、九州にも「有明森里海研究所」の誕生の夢が大きく膨らみました。

平成二六年四月二六日　西舞根にて

NPO法人SPERA森里海・時代を拓く理事長　内山里美

三井物産環境基金助成研究「瀕死の海」研究代表者　田中　克

■執筆者一覧（掲載順）

＊「NPO法人SPERA森里海・時代を拓く」は略称とした。
高校・大学院生は執筆当時の学年を示す。

田中　克（たなか・まさる）　京都大学名誉教授，公益財団法人国際高等研究所リサーチフェロー，NPO法人SPERA森里海理事
吉永郁生（よしなが・いくお）　鳥取環境大学環境学部教授，NPO法人SPERA森里海理事
畠山重篤（はたけやま・しげあつ）　NPO法人森は海の恋人理事長
佐藤正典（さとう・まさのり）　鹿児島大学大学院理工学研究科教授
畠山　信（はたけやま・まこと）　NPO法人森は海の恋人副理事長
中尾勘悟（なかお・かんご）　まえうみ干潟文化・写真研究所代表
内山耕蔵（うちやま・こうぞう）　NPO法人SPERA森里海監事，元メカジャ倶楽部代表
内山里美（うちやま・さとみ）　NPO法人SPERA森里海理事長
甲斐田寿憲（かいだ・ひさのり）　NPO法人SPERA森里海副理事長，採貝漁師
末吉聖子（すえよし・さとこ）　NPO法人SPERA森里海理事
堤　弘崇（つつみ・ひろたか）　NPO法人SPERA森里海会員
大坪鉄治（おおつぼ・てつじ）　NPO法人SPERA森里海理事
富山雄太（とみやま・ゆうた）　NPO法人SPERA森里海会員，九州大学工学府博士課程院生
甲斐田智恵美（かいだ・ちえみ）　NPO法人SPERA森里海会員
武藤隆光（むとう・たかみつ）　NPO法人SPERA森里海会員
鐘江　淳（かねがえ・じゅん）　NPO法人SPERA森里海会員
畑山裕城（はたやま・ゆうき）　NPO法人SPERA森里海会員
橋本智之（はしもと・ともゆき）　NPO法人SPERA森里海会員
石井幸一（いしい・こういち）　NPO法人SPERA森里海会員
田中安信（たなか・やすのぶ）　柳川市在住漁師，有明海エビ流し網協議会代表
古賀春美（こが・はるみ）　柳川市在住漁師，有明海復活・再生の会代表
古賀哲也（こが・てつや）　大川市在住海苔養殖漁師
日高　渉（ひだか・わたる）　NPO法人 SPERA 森里海会員，京都大学農学研究科修士課程院生
亀嵜真央（かめざき・まお）　福岡県立伝習館高等学校２年（2013年度生物部部長）
宮川沙樹（みやがわ・さき）　福岡県立伝習館高等学校１年
瀬戸川瑞穂（せとがわ・みずほ）　福岡県立伝習館高等学校１年
金子　駿（かねこ・しゅん）　福岡県立伝習館高等学校１年
小宮奈苗（こみや・ななえ）　福岡県立伝習館高等学校１年
山口舞菜（やまぐち・まいな）　福岡県立伝習館高等学校１年
立花　綾（たちばな・あや）　福岡県立伝習館高等学校１年
松本　萌（まつもと・もえ）　福岡県立伝習館高等学校２年
藤吉京平（ふじよし・きょうへい）　福岡県立伝習館高等学校２年
伊藤萌々香（いとう・ももか）　福岡県立伝習館高等学校１年
諸富風薫（もろどみ・ふうか）　福岡県立八女高等学校１年
松藤菜月（まつふじ・なつき）　福岡県立伝習館高等学校１年
只隈菜摘（ただくま・なつみ）　福岡県立伝習館高等学校２年
堤　悠一郎（つつみ・ゆういちろう）　福岡県立八女高等学校２年
木庭慎治（こば・しんじ）　福岡県立伝習館高等学校教諭（生物部顧問）
平方宣清（ひらかた・のぶきよ）　佐賀県太良町潜水漁師
大坪　勲（おおつぼ・いさお）　福岡県立八女高等学校２年
三宅大智（みやけ・だいち）　福岡県立八女高等学校２年
田島大暉（たしま・だいき）　福岡県立八女高等学校２年
森光建太（もりみつ・けんた）　福岡県立八女高等学校２年
塩山沙弥（しおやま・さや）　福岡県立伝習館高等学校３年
佐藤恵梨香（さとう・えりか）　福岡県立伝習館高等学校３年

NPO法人SPERA森里海《もりさとうみ》・時代を拓《ひら》く　2010年10月，第１回有明海再生シンポジウムの実行委員にメカジャ倶楽部として参加。その後３年間に，２回目の日田，３回目の福岡シンポジウムを開催，太良町アサリ漁場実験地調査や支援活動などを経て，2013年４月，NPO法人「SPERA森里海・時代を拓く」を設立。「森里海連環学」を基本理念に，人の輪づくり，心の森づくりをテーマとして，自然環境の保全，特に水辺環境の再生と子どもたちの環境教育に取り組む。

田中《たなか》　克《まさる》　京都大学名誉教授，公益財団法人国際高等研究所チーフリサーチフェロー，NPO 法人 SPERA 森里海・時代を拓く理事。専門は水産生物学。有明海特産種稚魚やヒラメ，カレイ稚魚の汽水域における生理生態研究を通じて，「森里海連環学」という新たな統合学問領域を提唱している。2013年度，アカデミア賞（文化・社会部門）受賞。【主著書】『魚類の初期発育』（編集，恒星社厚生閣，1991年），『ヒラメの生物学と資源培養』（共編，恒星社厚生閣，1994年），『魚類学 下 改訂版』（共著，恒星社厚生閣，1998年），『スズキと生物多様性――水産資源生物学の新展開』（共編，恒星社厚生閣，2002年），『森里海連環学への道』（旬報社，2008年），『水産の21世紀――海から拓く食料自給』（共編，京都大学学術出版会，2010年），『森里海連環学』（共著，京都大学学術出版会，2011年），『防災と復興の地――3・11以後を生きる』（共著，大学出版部協会，2014年）

吉永郁生《よしながいくお》　鳥取環境大学教授，NPO 法人 SPERA 森里海・時代を拓く顧問理事。専門は海洋微生物学，微生物生態学。特に，窒素の循環に関わる水圏の微生物の分子生態学を進める。琵琶湖，瀬戸内海，筑後川―有明海水系，気仙沼舞根湾（震災後の海洋環境）の基礎生産を担う細菌や微細藻などの研究に取り組む。【主著書】『微生物ってなに？――もっと知ろう！身近な生命』（共著，日科技連出版社，2006年），『難培養微生物研究の最新技術 II ――ゲノム解析を中心とした最前線と将来展望』（共著，シーエムシー出版，2011年），『海の環境微生物学　増補改訂版』（共著，恒星社厚生閣，2011年）

三井物産環境基金

◆本書の内容に関わる研究の大半は，三井物産環境基金研究助成Ｒ10－Ｂ225によった。

森里海連環《もりさとうみれんかん》による有明海再生《ありあけかいさいせい》への道《みち》
心《こころ》の森《もり》を育《はぐく》む

❖

2014年７月20日　第１刷発行

❖

編　集　NPO法人SPERA森里海・時代を拓く

監　修　田中　克・吉永郁生

発行者　別府大悟

発行所　合同会社花乱社
〒810-0073　福岡市中央区舞鶴 1-6-13-405
電話 092（781）7550　FAX 092（781）7555
http://www.karansha.com

印刷・製本　九州コンピュータ印刷

ISBN978-4-905327-36-3